新世纪应用型高等教育电气工程及其自动化类课程规划教材

电工电子技术基础

DIANGONG DIANZI JISHU JICHU

主 编 刘显忠
副主编 郭 宏 张昌玉

 大连理工大学出版社

图书在版编目(CIP)数据

电工电子技术基础 / 刘显忠主编. 一大连：大连理工大学出版社，2021.1(2024.7 重印)

新世纪应用型高等教育电气工程及其自动化类课程规划教材

ISBN 978-7-5685-2651-7

Ⅰ. ①电… Ⅱ. ①刘… Ⅲ. ①电工技术－高等学校－教材②电子技术－高等学校－教材 Ⅳ. ①TM②TN

中国版本图书馆 CIP 数据核字(2020)第 151404 号

大连理工大学出版社出版

地址：大连市软件园路 80 号　邮政编码：116023

发行：0411-84708842　邮购：0411-84708943　传真：0411-84701466

E-mail：dutp@dutp.cn　URL：http://dutp.dlut.edu.cn

沈阳百江印刷有限公司印刷　　大连理工大学出版社发行

幅面尺寸：$185\text{mm} \times 260\text{mm}$　印张：22.5　字数：574 千字

2021 年 1 月第 1 版　　2024 年 7 月第 3 次印刷

责任编辑：王晓历　　责任校对：王瑞亮

封面设计：张　莹

ISBN 978-7-5685-2651-7　　定　价：55.80 元

本书如有印装质量问题，请与我社发行部联系更换。

前 言

电工电子技术是高校电气信息和电子信息类各专业的一门重要的技术基础课程，也是其他理工科专业必修的课程之一。

电工电子技术涉及的内容较多，本教材力求将基本概念、基本规律、基本电路和基本分析方法讲解透彻，内容精简。本教材主要针对应用型本科院校和高等职业院校非电类专业而编写，在内容编排上注重结合应用型的特点，做到基础理论适当，对公式、定理的推导及证明从简；着重介绍电路的基本概念、基本定律、电路的基本功能及应用，并突出理论应用于实践的特色，提高实践应用能力，为今后的就业和创业打下良好基础。

本教材包括电路模型和电路的基本定律、电路的分析方法、正弦交流电路、一阶电路的时域分析、电机与低压电器、基本放大电路、集成运算放大器、直流稳压电源、集成门电路及组合逻辑电路、集成触发器及时序逻辑电路等。各章在基本概念、原理和分析方法的阐述上力求通俗易懂，并加强了实际应用内容。

本教材可作为高等院校非电类各专业电工电子技术课程的教材，也可供高职、电大等相关专业选用。

本教材共15章：电路的基本概念和基本定律；电路的分析方法；正弦交流电路；三相正弦交流电路；电路的暂态分析；电机与电器；常用半导体器件；基本放大电路；多级放大电路；集成运算放大器；直流稳压电源；逻辑代数和逻辑门电路；组合逻辑电路的分析与设计；时序逻辑电路；大规模集成电路。

本教材由哈尔滨华德学院刘显忠任主编，哈尔滨华德学院郭宏、张昌玉任副主编，哈尔滨华德学院王显博、董岩、温海洋和赵建新参与了编写。具体编写分工如下：第1章、第3章、第5章和第6章由刘显忠编写；第2章由温海洋编写；第4章由赵建新编写；第7章、第10章和第13章由张昌玉编写；第8章由王显博编写；第9.1、9.2和9.3节由王显博编写，9.4节由董岩编写；第11章、第14章和第15章由郭宏编写；第12章由董岩编写。

为响应教育部全面推进高等学校课程思政建设工作的要求，本教材编写团队深入推进党的二十大精神融入教材，不仅围绕专业育人目标，结合课程特点，注重知识传授能力的培养与价值塑造统一，还体现了对专业素养、科研学术道德等教育的重视，立志培养有理想、敢担当、能吃苦、肯奋斗的新时代好青年，让青春在全面建设社会主义现代化国家的火热实践中谱写绚丽华章。

在编写本教材的过程中，编者参考、引用和改编了国内外出版物中的相关资料以及网络资源，在此表示深深的谢意！相关著作权人看到本教材后，请与出版社联系，出版社将按照相关法律的规定支付稿酬。

在本教材编写过程中得到了参编院校领导和相关系领导、教师的大力指导和帮助，在此表示衷心感谢。由于编者的水平有限，书中难免存在错误和不妥之处，恳请读者批评指正。

编 者
2020 年 8 月

所有意见和建议请发往：dutpbk@163.com
欢迎访问高教数字化服务平台：http://hep.dutpbook.com
联系电话：0411-84708445 84708462

目 录

第1章 电路的基本概念和基本定律 …………………………………………………… 1

1.1 电路和电路模型 ………………………………………………………… 1

1.2 电路的基本物理量及其参考方向 ……………………………………………… 2

1.3 电阻元件和欧姆定律 ……………………………………………………… 6

1.4 理想电压源和理想电流源 ……………………………………………………… 8

1.5 工程中的电阻、电源与电路的状态 ……………………………………………… 9

1.6 基尔霍夫定律 ……………………………………………………………… 12

小 结 ………………………………………………………………………… 15

习 题 ………………………………………………………………………… 15

第2章 电路的分析方法 ……………………………………………………… 18

2.1 电路的等效变换 ……………………………………………………………… 18

2.2 支路电流法 ……………………………………………………………… 23

2.3 节点电压法 ……………………………………………………………… 24

2.4 叠加定理 ……………………………………………………………… 25

2.5 戴维宁定理和诺顿定理 ……………………………………………………… 26

2.6 最大功率传输定理 ……………………………………………………………… 29

小 结 ………………………………………………………………………… 31

习 题 ………………………………………………………………………… 31

第3章 正弦交流电路 ……………………………………………………… 34

3.1 正弦交流电的基本概念 ……………………………………………………… 34

3.2 正弦量相量表示法 ……………………………………………………… 37

3.3 电感元件和电容元件 ……………………………………………………… 40

3.4 单一参数的交流电路 ……………………………………………………… 42

3.5 RLC 串联交流电路 ……………………………………………………… 48

3.6 阻抗的串联和并联 ……………………………………………………… 52

3.7 功率因数的增大 ……………………………………………………… 55

3.8 电路中的谐振 ……………………………………………………………… 57

小 结 ………………………………………………………………………… 60

习 题 ………………………………………………………………………… 60

第4章 三相正弦交流电路 …… 64

4.1 三相交流电源 …… 64

4.2 三相电源的星形连接 …… 65

4.3 三相电源的三角形连接 …… 66

4.4 负载的连接 …… 66

4.5 三相功率 …… 70

小结 …… 71

习题 …… 71

第5章 电路的暂态分析 …… 73

5.1 概述 …… 73

5.2 换路定理及初始值的确定 …… 74

5.3 一阶电路的零输入响应 …… 76

5.4 一阶电路的零状态响应 …… 80

5.5 一阶电路的全响应和三要素法 …… 83

小结 …… 90

习题 …… 90

第6章 电机与电器 …… 93

6.1 磁路与变压器 …… 93

6.2 三相交流异步电动机 …… 102

6.3 直流电动机 …… 115

6.4 低压电器和基本控制电路 …… 121

小结 …… 127

习题 …… 127

第7章 常用半导体器件 …… 129

7.1 半导体基础知识 …… 129

7.2 二极管 …… 132

7.3 特殊二极管 …… 137

7.4 三极管 …… 139

7.5 场效应管 …… 146

小结 …… 149

习题 …… 149

第8章 基本放大电路 …… 151

8.1 放大的概念和放大电路的主要性能指标 …… 151

8.2 共发射极放大电路 …… 152

8.3 放大电路静态工作点的稳定 …… 162

8.4 三极管的基本组态 …… 163

目 录 3

8.5 场效应管放大电路 …………………………………………………… 166

小 结……………………………………………………………………… 169

习 题……………………………………………………………………… 170

第 9 章 多级放大电路……………………………………………………… 173

9.1 多级放大电路及耦合方式 …………………………………………… 173

9.2 差分放大电路 ………………………………………………………… 175

9.3 功率放大电路 ………………………………………………………… 179

9.4 集成运算放大器 ……………………………………………………… 186

小 结……………………………………………………………………… 189

习 题……………………………………………………………………… 189

第 10 章 集成运算放大器 ………………………………………………… 191

10.1 集成运放中的反馈…………………………………………………… 191

10.2 集成运放在模拟信号运算方面的应用……………………………… 199

10.3 集成运放在信号比较方面的应用…………………………………… 207

10.4 波形发生电路………………………………………………………… 211

10.5 集成运放的使用……………………………………………………… 216

小 结……………………………………………………………………… 220

习 题……………………………………………………………………… 221

第 11 章 直流稳压电源 …………………………………………………… 224

11.1 直流稳压电源的基本组成…………………………………………… 224

11.2 整流电路……………………………………………………………… 225

11.3 滤波电路……………………………………………………………… 227

11.4 稳压电路……………………………………………………………… 229

11.5 晶闸管及可控整流电路……………………………………………… 235

小 结……………………………………………………………………… 238

习 题……………………………………………………………………… 238

第 12 章 逻辑代数和逻辑门电路 ………………………………………… 241

12.1 数字电路概述………………………………………………………… 241

12.2 逻辑函数的表示和化简……………………………………………… 250

12.3 集成门电路…………………………………………………………… 264

小 结……………………………………………………………………… 272

习 题……………………………………………………………………… 272

第 13 章 组合逻辑电路的分析与设计 …………………………………… 275

13.1 组合逻辑电路的分析和设计………………………………………… 275

13.2 常用组合逻辑器件…………………………………………………… 280

小 结……………………………………………………………………… 293

电工电子技术基础

习　题 ……………………………………………………………………………… 293

第 14 章　时序逻辑电路 ……………………………………………………………… 296

14.1　双稳态触发器 ……………………………………………………………… 296

14.2　时序逻辑电路的分析方法 ………………………………………………… 302

14.3　寄存器 ……………………………………………………………………… 306

14.4　计数器 ……………………………………………………………………… 310

14.5　555 定时器及其应用 ……………………………………………………… 320

小　结 ……………………………………………………………………………… 327

习　题 ……………………………………………………………………………… 327

第 15 章　大规模集成电路 ……………………………………………………………… 331

15.1　数模转换器 ………………………………………………………………… 331

15.2　模数转换器 ………………………………………………………………… 335

15.3　半导体存储器 ……………………………………………………………… 344

小　结 ……………………………………………………………………………… 348

习　题 ……………………………………………………………………………… 349

参考文献 ……………………………………………………………………………………… 351

第1章

电路的基本概念和基本定律

本章主要介绍电路模型、电路中的基本物理量及其参考方向、电源和电阻的特性、电源的工作状态和基尔霍夫定律。本章内容是分析和计算电路的基础。

1.1 电路和电路模型

1.1.1 电路

人们在日常生活中或在生产和科研中广泛地使用着各种电路，如照明电路，收音机、电视机中的放大电路，从不同信号中选取所需信号的调谐电路，各种控制电路，以及生产科研上所需的各种专业用途的电路等。

电路是由各种电气器件按一定方式用导线连接组成的总体，它提供了电流通过的闭合路径。这些电气器件包括电源、开关、负载等。电源是把其他形式的能量转换为电能的装置，例如，发电机将机械能转换为电能。负载是取用电能的装置，它把电能转换为其他形式的能量，例如，电动机将电能转换为机械能，电热炉将电能转换为热能，电灯将电能转换为光能。导线和开关用来连接电源和负载，为电流提供通路，把电源的能量供给负载，并根据负载需要接通和断开电路。

电路的功能有两类：第一类功能是进行能量的转换、传输和分配；第二类功能是进行信号的传递与处理。例如，扩音机是将由声音转换而来的电信号，通过晶体管组成的放大电路转化为放大了的电信号，从而实现了放大功能；电视机可将接收到的信号经过处理转换成图像和声音。

1.1.2 电路模型

实际电路都是由一些起不同作用的实际电路元件或器件组成的，如电池、灯泡、发电机、电动机、变压器、扬声器等，这些实际元器件的电磁性能较为复杂。以白炽灯为例，它除了具有消耗电能的性质（电阻性）外，当电流通过时也会产生磁场，即它具有电感性，但由于它的电感很微小，可以忽略不计，所以可将白炽灯看作电阻性的元件。

为了便于对实际电路进行分析和计算，在一定条件下，把实际电路元件加以近似化、理想化，忽略其次要性质，用足以表征其主要特征的"模型"来表示，称为理想电路元件。常见的理想电路元件有电阻元件、电感元件、电容元件、理想电压源和理想电流源，其电路符号如图 1-1 所示。

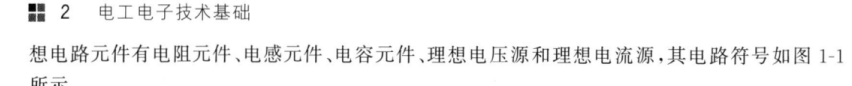

图 1-1 理想电路元件的电路符号

由理想电路元件构成的电路称为实际电路的电路模型。图 1-2(a)所示为手电筒的实际电路，把小灯泡看作电阻元件，用 R 表示，考虑到干电池内部自身消耗的电能，把干电池看作电阻元件 R_S 和电压源 U_S 串联，连接导线看作理想导线(电阻为零)，这样，手电筒的实际电路就可以用电路模型来表示，如图 1-2(b)所示。

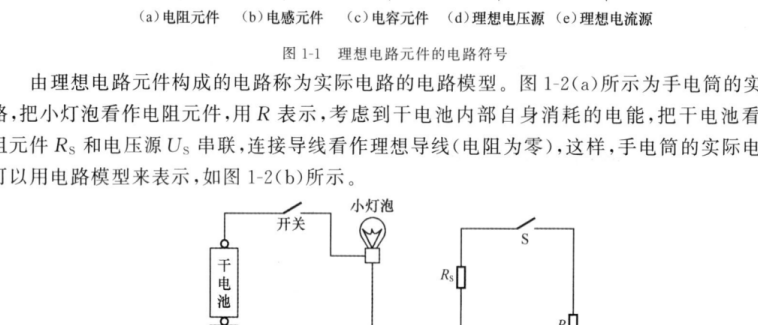

图 1-2 手电筒的实际电路与电路模型

本书后续内容中分析的都是电路模型，简称电路。在电路图中，各种电路元件用规定的图形符号表示。

1.2 电路的基本物理量及其参考方向

电路的工作特性是以电路中的电压、电流、功率和磁通等物理量来表示，在进行电路分析时不仅要求出电压、电流等物理量的数值，还要确定它们的实际方向。电压、电流等物理量的实际方向依靠设定参考方向的方法确定。

1.2.1 电流及其参考方向

电荷的定向移动形成电流。单位时间内通过导体横截面的电荷量为电流强度。电流强度是描述电流大小的物理量，简称为电流，用 i 表示，即

$$i = \frac{\mathrm{d}q}{\mathrm{d}t} \tag{1-1}$$

式中 q ——电荷量，单位为库[仑](C)；

t ——时间，单位为秒(s)；

i ——电流，单位为安[培](A)，计算微小电流时，电流的单位用 mA(毫安)、μA(微安)，计算较大电流时，电流的单位用 kA(千安)，其换算关系为

$$1 \text{ kA} = 1\ 000 \text{ A} = 10^3 \text{ A}$$

$$1 \text{ mA} = 10^{-3} \text{ A}$$

$$1 \text{ μA} = 10^{-6} \text{ A}$$

当电流的大小和方向不随时间变化时，$\mathrm{d}q/\mathrm{d}t$ 为定值，这种电流称为直流电流，简称直流（DC）。直流电流用大写字母 I 表示，即

$$I = \frac{Q}{t} \tag{1-2}$$

习惯上，规定正电荷的移动方向表示电流的实际方向。在外电路，电流由正极流向负极；在内电路，电流由负极流向正极。

在简单电路中，电流的实际方向可由电源的极性确定，在复杂电路中，电流的方向有时事先难以确定。为了满足分析电路的需要，引入了电流的参考方向的概念。

参考方向是假定的方向，电流的参考方向可以任意选定。在一段电路或一个电路元件中事先选定一个电流方向作为电流的参考方向。本书中用虚线箭头表示电流的实际方向，用实线箭头直接表示电流的参考方向，也可以用下标表示，如 I_{ab} 表示参考方向由 a 指向 b。参考方向是任意选定的，而电流的实际方向是客观存在的。因此，所选定的电流参考方向并不一定就是电流的实际方向。当选定电流的参考方向与实际方向一致时，$I>0$；当选定电流的参考方向与实际方向相反时，$I<0$。电流的参考方向与实际方向如图 1-3 所示。

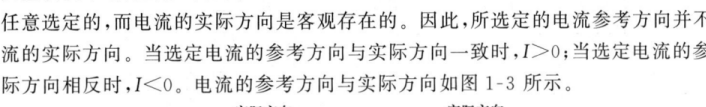

图 1-3 电流的参考方向与实际方向

电流的实际方向是实际存在的，它不因其参考方向选择的不同而改变，即存在 $I_{ab} = -I_{ba}$。本书中不加特殊说明时，电路中的公式和定律都是建立在参考方向的基础上的。

1.2.2 电压和电动势及其参考方向

电流是电荷受电场力的作用运动而形成的。将电荷由电场中的 a 点移至 b 点时电场对电荷做功，为衡量电场力做功的大小引入电压这一物理量。电场力把单位正电荷从 a 点移到 b 点所做的功称为 a、b 两点间的电压，用 u_{ab} 表示，即

$$u_{ab} = \frac{\mathrm{d}W_{ab}}{\mathrm{d}q} \tag{1-3}$$

式中 W_{ab} ——电场力将电荷量为 q 的正电荷从 a 点移到 b 点所做的功。

电压的单位为伏[特]（V），计算较大的电压时用 kV（千伏），计算较小的电压时用 mV（毫伏）。其换算关系为

$$1 \text{ kV} = 10^3 \text{ V}$$

$$1 \text{ mV} = 10^{-3} \text{ V}$$

在直流电路中，式（1-3）可写成

$$U_{ab} = \frac{W}{Q} \tag{1-4}$$

在电气设备的调试和检修中，经常要测量各点的电位，看其是否符合设计要求。在复杂电路中，经常用电位的概念来分析电路。所谓电位是指在电路中任选一点作为参考点，则该电路

中某一点到参考点的电压称为该点的电位，电位用 V 表示，电路中 a 点的电位可表示为 V_a。参考点的电位为零，参考点又称为零电位点。

电路中其他各点的电位可能是正值，也可能是负值，某点的电位比参考点高，该点的电位是正值，反之则为负值。

如果已知 a、b 两点的电位分别为 V_a、V_b，那么 a、b 两点间的电压为

$$U_{ab} = V_a - V_b \tag{1-5}$$

两点间的电压等于两点的电位差，所以电压又称为电位差。

为了简化电路，有时往往不画出理想电压源，而只标出各点的电位值。如图 1-4(a)所示，若选 d 点为参考点(零电位点)，则 $V_a = -15$ V，$V_b = 20$ V，电路可简化如图 1-4(b)所示。

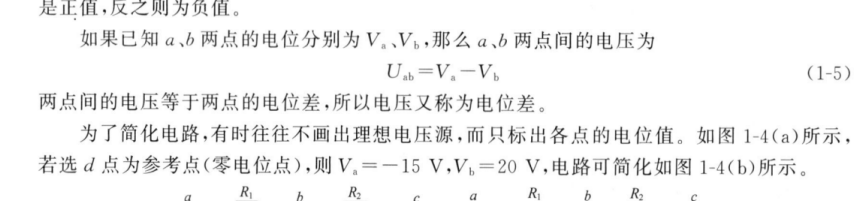

图 1-4 电路的简化

电压的实际方向规定为从高电位点指向低电位点，即由"+"极指向"—"极，因此，在电压的实际方向上电位是逐渐降低的。和电流类似，在比较复杂的电路中，两点间电压的实际方向往往很难预测，所以也要事先选择一个参考方向。若参考方向与实际方向相同，则电压为正；若参考方向与实际方向相反，则电压为负，如图 1-5 所示。

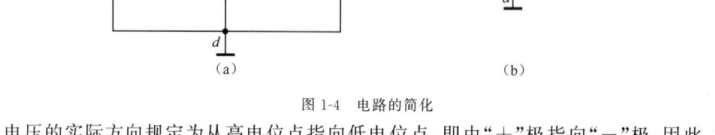

图 1-5 电压的参考方向与实际方向

电压的参考方向可用箭头表示，也可以用"+""—"号表示，"+"表示高电位，"—"表示低电位。

一个元件的电压、电流的参考方向可以任意选定。若元件的电压、电流参考方向的选择如图 1-6(a)所示，即电流从电压的"+"端流入，从电压的"—"端流出，这样选取的参考方向称为 U、I 的关联参考方向；相反，若 U、I 参考方向选取如图 1-6(b)所示，则称为非关联参考方向。

图 1-6 关联参考方向与非关联参考方向

【例 1-1】 如图 1-7 所示电路，求下列两种情况下各点的电位以及电压 U_{ab} 和 U_{bc}：

(1)以 a 点为参考点；

(2)以 b 点为参考点。

解：(1)以 a 点为参考点，即 $V_a = 0$，$V_b = U_{ba} = -10 \times 6 = -60$ V，$V_c = U_{ca} = 4 \times 20 = 80$ V。

$$V_d = U_{da} = 6 \times 5 = 30 \text{ V}$$

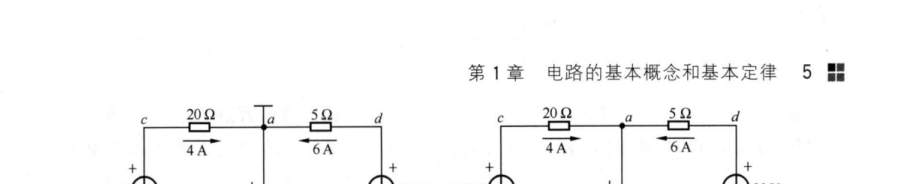

图1-7 例1-1电路

$$U_{ab} = V_a - V_b = 0 - (-60) = 60 \text{ V}$$

$$U_{bc} = V_b - V_c = -60 - 80 = -140 \text{ V}$$

(2) 以 b 点为参考点，即 $V_b = 0$，$V_a = U_{ab} = 10 \times 6 = 60$ V，$V_c = U_{cb} = 140$ V，$V_d = U_{db} = 90$ V。

$$U_{ab} = V_a - V_b = 60 - 0 = 60 \text{ V}$$

$$U_{bc} = V_b - V_c = 0 - 140 = -140 \text{ V}$$

从上述计算结果可以看到，电位与参考点的选取有关，参考点不同，各点电位不同；而电压与参考点的选取无关，参考点不同，两点之间的电压不变，但电压的参考方向不同，则符号不同。

电动势是描述电源力做功大小的一个物理量，电源力在电源内部把单位正电荷从电源的负极移到正极所做的功称为电源的电动势。电动势用 e 表示，即

$$e = \frac{\mathrm{d}W}{\mathrm{d}q} \tag{1-6}$$

式中 W ——电源力所做的功；

q ——电荷量。

电动势与电压的单位相同，也是伏[特](V)。

电源力是一种非静电力，不同种类的电源有着不同的电源力。例如在发电机中，导体在磁场中运动，磁场能转换为电源力；在电池中，电源力由化学能转换而成。

电动势的方向是电源力克服电场力移动正电荷的方向，是从低电位到高电位的方向。对于一个电源设备，若其电动势 e 的方向和电压 u 的参考方向选择相反，则

$$u = e \tag{1-7}$$

1.2.3 电功率和电能

在电路的分析和计算中，能量和功率的计算是十分重要的。这是因为：一方面，电路在工作时总伴随有其他形式能量的相互交换；另一方面，电气设备和电路部件本身都有功率的限制，在使用时要注意其电流值或电压值是否超过额定值，过载会使设备或部件损坏，或是不能正常工作。

单位时间内电路吸收或释放的电能定义为电功率，它是描述电能转化速率的物理量，用 p 表示，即

$$p = \frac{\mathrm{d}W}{\mathrm{d}t} \tag{1-8}$$

式中 W ——电能，单位为焦[耳](J)；

t ——时间，单位为秒(s)；

p ——功率，单位为瓦[特](W)，常用的单位还有千瓦(kW)、毫瓦(mW)等。

在电路分析中，当某一支路的电压、电流实际方向一致时，电场力做功，该支路吸收功率；当电压、电流实际方向相反时，该支路发出功率。当某一支路或元件中的电压、电流已知时有

$$p = \frac{dW}{dt} = \frac{dW}{dq} \times \frac{dq}{dt} = ui \tag{1-9}$$

即任一支路或元件的功率等于其电压和电流的乘积。直流时，式(1-9)改写为

$$P = UI \tag{1-10}$$

在计算功率时，若电压、电流为关联参考方向，计算所得功率为正值，表示电路实际吸收功率；计算所得功率为负值，表示电路实际发出功率。同理，若电压、电流为非关联参考方向，计算所得功率为正值，表示电路实际发出功率；计算所得功率为负值，表示电路实际吸收功率。

根据式(1-8)，在 t_0 到 t_1 的一段时间内，电路消耗的电能为

$$W = \int_{t_0}^{t_1} p \, dt \tag{1-11}$$

在直流时，则为

$$W = P(t_1 - t_0) \tag{1-12}$$

电能的单位是焦耳(J)，表示功率为 1 W 的用电设备在 1 s 时间内所消耗的电能。在实际生活中还采用千瓦时(kW·h)作为电能的单位，它等于功率为 1 kW 的用电设备在 1 h 内所消耗的电能量，也称为 1 度电，则

1 度电 = 3.6×10^6 J

在电路中，一个电路的电源产生的功率与负载、导线及电源内阻上消耗的功率总是平衡的，遵循能量守恒和转换定律。

1.3 电阻元件和欧姆定律

电阻元件是从实际电阻器中抽象出来的，反映电路元件消耗电能的物理性能的一种理想的二端元件。电阻元件根据其电压、电流关系曲线的不同分为两类：若作用于电阻元件两端的电压与通过的电阻的电流成正比，即电压与电流的比值为常数，这样的电阻元件称为线性电阻；若电压与电流的比值不为常数，则称为非线性电阻。

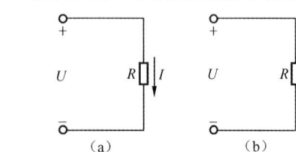

图 1-8 欧姆定律

欧姆定律：导体中的电流 I 与加在导体两端的电压 U 成正比，与导体的电阻 R 成反比。

如图 1-8(a)所示，当电阻元件的电压 U、电流 I 的参考方向为关联参考方向时，其电压 U、电流 I 的关系为

$$U = RI \tag{1-13}$$

如图 1-8(b)所示，当电阻元件的电压 U、电流 I 的参考方向为非关联参考方向时，其电压 U、电流 I 的关系为

$$U = -RI \tag{1-14}$$

在国际单位制中，电阻的单位是欧[姆](Ω)，此外还有千欧(kΩ)、兆欧(MΩ)等单位，换算关系为

$$1 \text{ kΩ} = 10^3 \text{ Ω}$$

$$1 \text{ MΩ} = 10^6 \text{ Ω}$$

电阻的倒数称为电导，用 G 表示，即

$$G = \frac{1}{R} \tag{1-15}$$

电导的单位为西[门子](S)。

电阻 R 反映电阻元件对电流的阻力，电导 G 反映电阻元件的导电能力。

图 1-9 线性电阻元件的伏安特性曲线

反映元件的电压、电流关系的曲线称为元件的伏安特性曲线。线性电阻元件的伏安特性曲线是一条通过原点的直线，如图 1-9 所示。实际应用中的电阻器、电炉、白炽灯等元器件的伏安特性曲线在一定程度上都是非线性的，但在一定范围内其电阻值变化很小，可以近似地看作线性电阻元件。后续内容中讨论的电阻元件，如无特别说明，均为线性电阻元件。

电阻是消耗电能的元件，将所消耗的电能转变成热能。单位时间内电阻消耗的电能，即功率为

$$P = UI = RI^2 = \frac{U^2}{R} \tag{1-16}$$

一段时间内所消耗的电能为

$$W = Pt = UIt$$

【例 1-2】 求图 1-10 所示电路中的电压 U_{ab}。

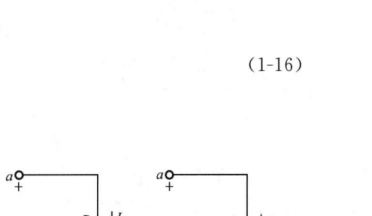

图 1-10 例 1-2 电路

解：图 1-10（a）所示电路中，U_{ab}、I 是关联参考方向，则

$$U_{ab} = RI = 20 \times 1 = 20 \text{ V}$$

图 1-10（b）所示电路中，U_{ab}、I 是非关联参考方向，则

$$U_{ab} = -RI = -20 \times 1 = -20 \text{ V}$$

【例 1-3】 一盏 100 W、220 V 的白炽灯，在额定值条件下工作。求电流 I 和白炽灯在通入电流 I 值时的电阻 R。若这盏白炽灯每天使用 5 h，一天用电多少度？

解：由 $P = UI$ 可知白炽灯电流为

$$I = \frac{100}{220} = 0.45 \text{ A}$$

白炽灯的电阻为

$$R = \frac{U}{I} = \frac{220}{0.45} = 489 \text{ Ω}$$

每天的用电量为

$$W = Pt = 0.1 \times 5 = 0.5 \text{ kW·h} = 0.5 \text{ 度}$$

1.4 理想电压源和理想电流源

1.4.1 理想电压源

理想电压源的电路符号如图 1-1(d) 所示，其中 u_s 为理想电压源的电压，"＋""－"表示参考极性。理想电压源具有以下两个基本性质：电压 u_s 是一个恒定值或一定的时间函数，与通过的理想电压源的电流无关；通过理想电压源的电流由与它连接的外电路决定。

如果理想电压源的电压是恒定值 U_s，称为理想直流电压源，电路如图 1-11(a) 所示，图 1-11(b) 所示为其伏安特性曲线，是一条与电流轴平行的直线，电路的端电压恒等于 U_s，与电流的大小无关。

例如图 1-12 所示电路，3 V 理想直流电压源连接一负载电阻 R_L。

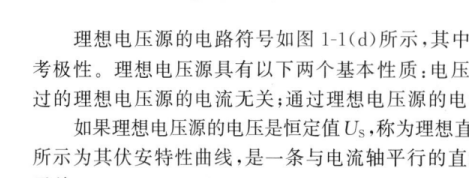

图 1-11 理想直流电压源

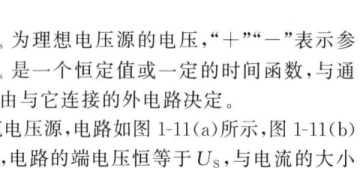

图 1-12 理想电压源电路举例

当 $R_L = 1 \ \Omega$ 时，$I = \dfrac{3}{1} = 3$ A，$U = 3$ V；

当 $R_L = 30 \ \Omega$ 时，$I = \dfrac{3}{30} = 0.1$ A，$U = 3$ V；

当 $R_L = \infty$ 时，$I = 0$，$U = 3$ V。

由此可见，理想电压源供出的电流随负载电阻而变化，其端电压不变。

1.4.2 理想电流源

理想电流源的电路符号如图 1-1(e) 所示，其中 i_s 为理想电流源的电流，箭头表示电流参考方向。理想电流源具有以下两个基本性质：电流 i_s 是一个恒定值或一定的时间函数，与其端电压的大小和方向无关；理想电流源的端电压由与它连接的外电路决定。

如果理想电流源的电流是恒定值 I_s，称为理想直流电流源，电路如图 1-13(a) 所示，图 1-13(b) 所示为其伏安特性曲线，是一条与电压轴平行的直线，电路的输出电流恒等于 I_s，与端电压无关。若电压等于零，表示电流源短路，它发出的电流仍为 I_s。

例如图 1-14 所示电路，10 A 理想直流电流源连接一负载电阻 R_L。

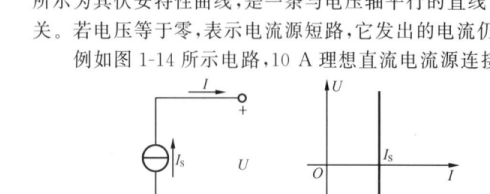

图 1-13 理想直流电流源

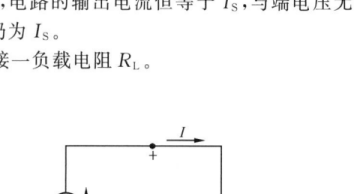

图 1-14 理想电流源电路举例

当 $R_L = 1 \ \Omega$ 时，$I = 10$ A，$U = 10$ V；

当 $R_L = 30 \ \Omega$ 时，$I = 10$ A，$U = 300$ V；

当 $R_L = 0$ 时，$I = 10$ A，$U = 0$。

由此可见，无论 R_L 如何变化（$R_L = \infty$ 除外），理想电流源供给 R_L 的电流 $I = 10$ A 不变，但其端电压将随负载电阻 R_L 的变化而变化。

1.5 工程中的电阻、电源与电路的状态

1.5.1 工程中的电阻

工程中的电阻称为电阻器，是一种耗能元件，在电路中主要用于控制电压、电流的大小，或与其他元件一起构成具有特殊功能的电路。

电阻器的种类很多，按外形结构可分为固定式和可变式两类，其中固定式电阻器的电阻值不能变动，可变式电阻器的阻值在一定范围内可以改变；按制造材料可分为膜式（金属膜、碳膜）和线绕式两类，其中膜式电阻器的电阻值为零点几欧姆到几十兆欧，但功率较小，一般为几瓦，绕线式电阻器的阻值范围相对较小，而功率较大。

电阻器的主要参数有标称电阻值、允许误差和额定功率。电阻器的标称电阻值是按国家规定的电阻值系列标注的，体积较大的电阻器的阻值一般标注在电阻器的表面，而体积较小的电阻器则用色环或数字表示。选用电阻器时必须按标称电阻值进行选用。

电阻器的允许误差是指实际电阻值与标称电阻值之间的差除以标称值所得的百分数。体积较小的电阻器一般用色环表示。电阻器的色环通常有五环，其中相距较近的四环为电阻值，另一环距前四环较远，表示误差，如图 1-15 所示。电阻器色环颜色与所表示的数字对照见表 1-1，电阻器色环颜色与允许误差对照见表 1-2。

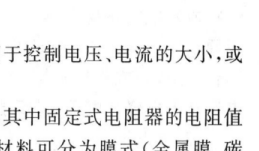

图 1-15 电阻器的色环表示法

表 1-1 电阻器色环颜色与所表示的数字对照

颜色	棕	红	橙	黄	绿	蓝	紫	灰	白	黑
数字	1	2	3	4	5	6	7	8	9	0

表 1-2 电阻器色环颜色与允许误差对照

颜色	棕	紫	金	银	无色
允许误差	$\pm 1\%$	$\pm 0.1\%$	$\pm 5\%$	$\pm 10\%$	$\pm 20\%$

色环中，第一环、第二环和第三环各代表一位数字，第四环代表倍乘数字。例如，一个电阻上的第一环为棕色，第二环为红色，第三环为黑色，第四环为橙色，表示该电阻器的电阻值为 120 kΩ。

电阻器的额定功率是指在规定的气压、温度条件下，电阻器长期工作所允许承受的最大功率。一般情况下，所选用的电阻器的额定功率应大于其实际消耗的最大功率，否则，电阻器可能因温度过高而烧毁。

1.5.2 工程中的电源

工程中的电源种类繁多，但一般可分为两大类。一类是发电机，利用电磁感应原理，把机械能转换为电能；另一类是电池，把化学能、光能等其他形式的能通过一定的方式转换为电能。下面主要介绍电池。其中将化学能转换成电能的电池称为化学电池。

1. 化学电池的分类

化学电池分为原电池（一次电池）和蓄电池（二次电池）两种。

（1）原电池

原电池由正极活性物质、负极活性物质、电解质、隔膜和容器等部分组成。工作时，负极活性物质发生氧化反应、释放电子并由负极经外电路传递到正极。正极活性物质接受电子发生还原反应。在电池内借助电解质的离子导电作用使两电极间传输电子（从正极到负极），形成闭合回路，完成化学能与电能的转换。电池电极活性物质在反应过程中不断消耗，当它充分放电后将不再释放电子，且不能再充电只能丢弃，故称为一次电池。

（2）蓄电池

蓄电池可将电能转变为化学能储存于电池中（充电），使用时再将化学能转变为电能（放电）。这个转变是可逆的，且可重复循环多次，故称为二次电池。

蓄电池主要由正极板、负极板、电解液和电槽（容器）等组成。根据极板所用材料和电解液的不同，分为铅-酸蓄电池（酸性蓄电池）和铁-镍或镉-镍蓄电池（碱性蓄电池）。

2. 化学电池的主要性能指标

（1）开路电压

开路电压指外电路断开时，两电极间的电压。

（2）工作电压

工作电压指向负载供电时两电极间的电压。该电压与输出电流有关，且随工作时间增大而减小。

（3）容量

容量指电池以一定的电流，在一定的温度下释放的电荷量，单位为安时（A·h）。电池单位质量包含的电荷量称为质量比容量，单位为瓦时/千克（W·h/kg）；单位体积包含的电荷量称为体积比容量，单位为瓦时/升（W·h/L）。质量比容量和体积比容量通称比容量，是评价电池性能的重要指标。

1.5.3 电路状态

根据电源和负载连接的不同情况，电路可分为通路、开路和短路三种基本状态。下面以简单的直流电路为例讨论电路状态的电流、电压和功率。

1. 通路

将图 1-16 中的开关 S 合上，接通电源和负载，称为电路的通路或有载状态。通路时，应用欧姆定律可求出电源向负载提供的电流为

$$I = \frac{U_S}{R_S + R_L} \qquad (1\text{-}17)$$

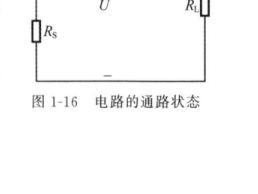

图 1-16 电路的通路状态

电源的端电压 U 和负载端电压相等，即

$$U = U_S - R_S I = R_L I \tag{1-18}$$

由于电源内阻的存在，电压 U 将随负载电流的增大而减小。

式(1-18)各项乘以电流 I，可得电路的功率平衡方程为

$$UI = U_S I - R_S I^2 \tag{1-19}$$

$$P = P_S - \Delta P$$

式中 P_S ——电源产生的功率，$P_S = U_S I$；

ΔP ——电源内阻上损耗的功率，$\Delta P = R_S I^2$；

P ——电源输出的功率，$P = UI$。

2. 开路

将图 1-16 中的开关 S 断开时，电源和负载没有构成通路，称为电路的开路状态，如图 1-17 所示。开路时断路两点间的电阻等于无穷大，因此电路开路时，电路中电流 $I = 0$。此时，电源不输出功率（$P = 0$），电源的端电压称为开路电压（用 U_{OC} 表示），即 $U_{OC} = U_S$。

3. 短路

当电源两端因工作不慎或负载的绝缘破损等原因而连在一起时，外电路的电阻可视为零，这种情况称为电路的短路状态，如图 1-18 所示。

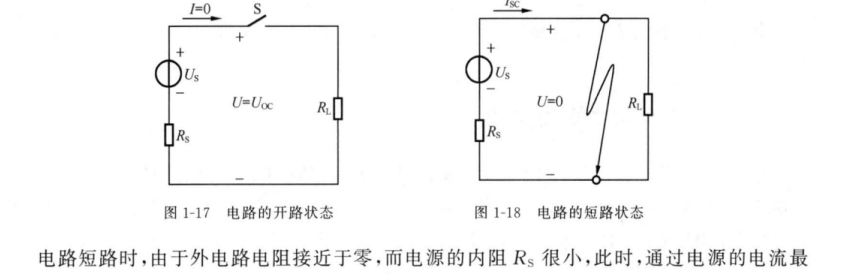

图 1-17 电路的开路状态　　图 1-18 电路的短路状态

电路短路时，由于外电路电阻接近于零，而电源的内阻 R_S 很小，此时，通过电源的电流最大，称为短路电流（用 I_{SC} 表示），即 $I_{SC} = U_S / R_S$。

电源的端电压即负载的电压 $U = 0$，负载的电流与功率为 0，而电源通过很大的电流，电源产生的功率很大，电源产生的功率全部被内阻消耗。这将使电源发热过甚，使电源设备烧毁，甚至导致火灾发生。为了避免短路事故引起的严重后果，通常在电路中接入熔断器或自动保护装置。但是，有时由于某种需要，可以将电路中的某一段短路，这种情况常称为短接。

4. 电气设备的额定值

电气设备的额定值是综合考虑产品的可靠性、经济性和使用寿命等诸多因素，由制造厂商给定的。额定值往往标注在设备的铭牌上或写在设备的使用说明书中。

额定值是指电气设备在电路的正常运行状态下，能承受的电压、允许通过的电流，以及它们吸收和产生功率的限额。如额定电压 U_N、额定电流 I_N 和额定功率 P_N。如一个灯泡上标明 220 V、60 W，这说明额定电压为 220 V，在此额定电压下消耗的功率为 60 W。

电气设备的额定值和实际值不一定相等。如上所述，220 V、60 W 的灯泡接在 220 V的电源上时，由于电源电压的波动，其实际电压值稍大于或稍小于 220 V，这样灯泡的实际功率就不会正好等于其额定值 60 W 了，额定电流也相应发生了改变。当电流等于额定电流时，称为满载工作状态；当电流小于额定电流时，称为轻载工作状态；当电流超过额定电流时，称为过载工作状态。

1.6 基尔霍夫定律

基尔霍夫定律是电路分析和计算电路的基本定律，它包括基尔霍夫电流定律和基尔霍夫电压定律。在介绍基尔霍夫定律之前，先介绍电路的几个名词。

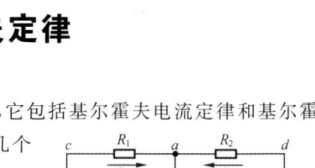

图 1-19 电路举例

（1）支路

由一个或几个电路元件串接而成的无分支电路称为支路，一条支路流过的同一电流，称为支路电流。图 1-19 所示电路中有 acb、adb 和 ab 3 条支路，3 个支路电流分别为 I_1、I_2 和 I_3。

（2）节点

3 条或 3 条以上支路的连接点称为节点。图 1-19 所示电路中有 a、b 两个节点。

（3）回路

电路中由支路构成的闭合路径称为回路。图 1-19 所示电路中有 $adbca$、$abca$ 和 $abda$ 3 条回路。

1.6.1 基尔霍夫电流定律

基尔霍夫电流定律（KCL）用于确定连接在同一节点上的各支路电流之间的关系。因为电流的连续性，电路中的任何一点（包括节点在内）均不能堆积电荷。所以，在任一瞬时流入节点的电流之和等于由该节点流出的电流之和。图 1-19 所示电路中，对节点 a 可以写出

$$I_1 + I_2 = I_3 \tag{1-20}$$

或 $\qquad I_1 + I_2 - I_3 = 0$

即

$$\sum I = 0 \tag{1-21}$$

基尔霍夫电流定律还可以表述为：在任一瞬时，任一节点上电流的代数和恒等于零。若规定流入节点的电流项前为"+"，流出节点的电流项前应为"−"，反之亦然。

根据计算的节点，有些支路的电流可能是负值，这是由于所选定的电流参考方向与电流的实际方向相反。

基尔霍夫电流定律通常用于节点，也可把它推广应用于电路中任意假设的闭合面。如图 1-20 所示电路，闭合面包围了 a、b、c 3 个节点，分别写出这 3 个节点的电流的关系为

节点 a $\qquad I_1 - I_4 - I_5 = 0$

节点 b $\qquad I_2 + I_5 + I_6 = 0$

节点 c $\qquad -I_3 + I_4 - I_6 = 0$

以上三式相加可得

$$I_1 + I_2 - I_3 = 0$$

可见，在任一瞬时，电路中流入任一闭合面的电流的代数和恒等于零。

【例 1-4】 如图 1-21 所示电路中，已知 $I_1 = 1$ A，$I_2 = 2$ A，$I_3 = -3$ A，求 I_4。

解：由基尔霍夫定律可写出

$$I_1 + I_2 - I_3 - I_4 = 0$$

$$1 + 2 - (-3) - I_4 = 0$$

可得

$$I_4 = 6 \text{ A}$$

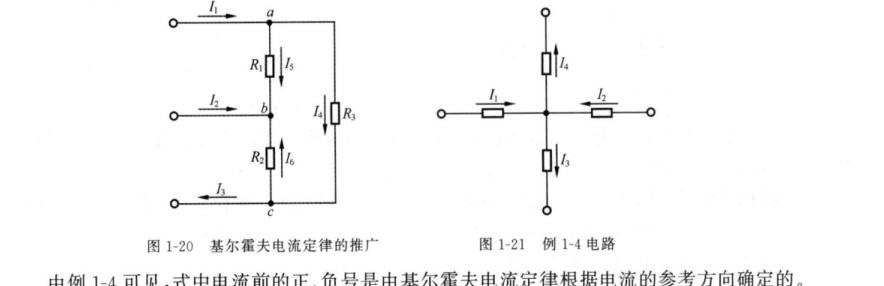

图 1-20 基尔霍夫电流定律的推广   图 1-21 例 1-4 电路

由例 1-4 可见，式中电流前的正、负号是由基尔霍夫电流定律根据电流的参考方向确定的。

1.6.2 基尔霍夫电压定律

基尔霍夫电压定律（KVL）用于确定回路中各段电压之间的关系。其内容为：在任一瞬时，沿电路内任一回路绕行一周，回路中各段电压的代数和恒等于零。其数学表达式为

$$\sum U = 0 \tag{1-22}$$

应用式（1-22）时，首先应选定各段电压的参考方向，然后再选定回路的绕行方向，可以是顺时针，也可以是逆时针。电压的参考方向和回路的绕行方向一致时取正号，反之取负号。如图 1-22 所示，对回路 $abcda$ 应用基尔霍夫电压定律，可得

$$-U_{S1} + U_1 + U_2 + U_{S2} - U_3 - U_4 = 0$$

由于 $U_1 = R_1 I_1$，$U_2 = R_2 I_2$，$U_3 = R_3 I_3$，$U_4 = R_4 I_4$，将各式代入可得回路电压方程为

$$-U_{S1} + R_1 I_1 + R_2 I_2 + U_{S2} - R_3 I_3 - R_4 I_4 = 0$$

可改写为

$$R_1 I_1 + R_2 I_2 - R_3 I_3 - R_4 I_4 = U_{S1} - U_{S2}$$

即

$$\sum RI = \sum U_S \tag{1-23}$$

式（1-23）为基尔霍夫电压定律在电阻电路中的另一种数学表达式，即任意回路内各电阻电压的代数和等于该回路中各电源电压的代数和。在这里，电阻中电流的参考方向与回路绕行方向一致时，该项电阻电压取正号，反之则取负号。电源电压的参考方向（从"－"端指向"＋"端）与回路绕行方向一致时为正，反之为负。

基尔霍夫电压定律也可推广应用于回路的部分电路。如图 1-23 所示电路，应用基尔霍夫电压定律可写出

$$U + RI - U_S = 0$$

或写为

$$U_S = U + RI$$

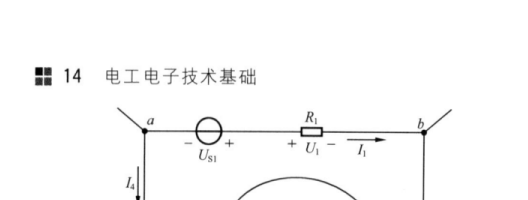

图 1-22 回路电压

图 1-23 基尔霍夫电压定律的推广

使用基尔霍夫定律时应注意，基尔霍夫两个定律具有普遍性，它们适用于由各种不同元件构成的电路，也适用于任意瞬时变化的电压和电流。

【例 1-5】 如图 1-24 所示电路为一闭合回路，各支路的元件是任意的，已知 $U_{ab} = 10$ V，$U_{bc} = -8$ V，$U_{da} = -5$ V，求 U_{cd} 和 U_{ca}。

解：由基尔霍夫电压定律可列出

$$U_{ab} + U_{bc} + U_{cd} + U_{da} = 0$$

可得

$$U_{cd} = -U_{ab} - U_{bc} - U_{da} = -10 - (-8) - (-5) = 3 \text{ V}$$

$abca$ 不是闭合回路，也可应用基尔霍夫电压定律列出

$$U_{ab} + U_{bc} + U_{ca} = 0$$

可得

$$U_{ca} = -U_{ab} - U_{bc} = -10 - (-8) = -2 \text{ V}$$

【例 1-6】 如图 1-25 所示电路中，a、d 两点与外电路相连，部分支路电流及元件的参数已在图 1-25 中标出，求电流 I_1、I_2 和电阻 R。

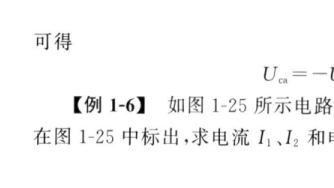

图 1-24 例 1-5 电路

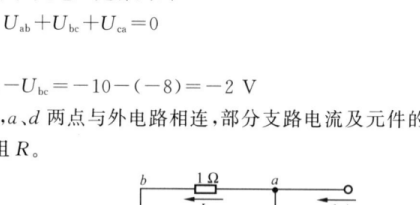

图 1-25 例 1-6 电路

解：对节点 a，由基尔霍夫电流定律可列出

$$1 + 2 - I_2 = 0$$

可得

$$I_2 = 3 \text{ A}$$

对节点 d，由基尔霍夫电流定律可列出

$$I_2 - 2 - I_1 = 0$$

可得

$$I_1 = 1 \text{ A}$$

由基尔霍夫电压定律可列出

$$U_{ab} + U_{bc} + U_{cd} + U_{da} = 0$$

即

$$3 \times 1 - 6 + 3 \times 1 - 10 + 2R = 0$$

可得

$$R = 5 \; \Omega$$

小 结

本章介绍了电路的基本概念和基本定律。任何一个电路都是由电源、负载和中间环节构成。在分析电路时，都是对由理想电路元件构成的电路模型进行分析与计算。电路当中的电流、电压的方向都是假设的参考方向。当其为正值时，参考方向和实际方向相同；当其为负值时，参考方向和实际方向相反。电阻元件两端的电压和流过的电流遵守欧姆定律。理想电源包括理想电压源和理想电流源。电路的状态包括通路、开路和短路状态。基尔霍夫定律是分析电路的基本定律，其中基尔霍夫电流定律应用于电路中的节点，基尔霍夫电压定律应用于电路中的回路。

习 题

习题 1-1 电路是由哪几个基本部分组成的？构成电路的目的是什么？

习题 1-2 为什么要设电压、电流参考方向？电压、电流的参考方向就是它的实际方向吗？如何根据参考方向判别实际方向？关联参考方向和非关联参考方向的差别是什么？

习题 1-3 电路中电位相等的各点，如果用导线接通，对电路其他部分有没有影响？

习题 1-4 在图 1-26 所示电路中，5 个电路元件分别代表电源或负载。电流和电压的参考方向如图 1-26 所示，通过实验测量得知 $I_1 = -2$ A，$I_2 = 3$ A，$I_3 = 5$ A，$U_1 = 70$ V，$U_2 = -45$ V，$U_3 = 30$ V，$U_4 = -40$ V，$U_5 = 15$ V。

（1）标出各电流的实际方向和各电压的实际极性；

（2）判断哪些元件是电源、哪些是负载；

（3）计算各元件的功率，判断电源发出的功率和负载取用的功率是否平衡。

习题 1-5 电路如图 1-27 所示。

（1）图 1-27(a) 中，若 $V_a = 10$ V，$V_b = -10$ V，$I = 1$ A，求电压 U_{ab} 和功率 P，判断该元件是电源还是负载。

（2）图 1-27(b) 中，若 $V_a = 10$ V，$U_{ab} = 40$ V，$I = 1$ A，求电位 V_b 和功率 P，判断该元件是电源还是负载。

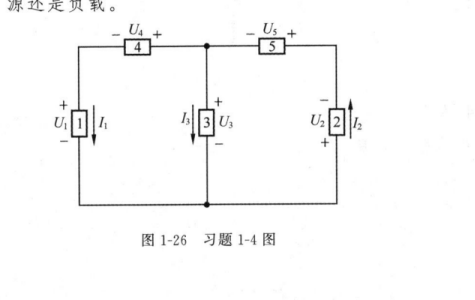

图 1-26 习题 1-4 图

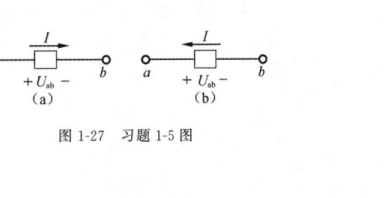

图 1-27 习题 1-5 图

习题 1-6 电路如图 1-28 所示。

(1) 当选择 o 点为参考点时，求各点的电位。

(2) 当选择 a 点为参考点时，求各点的电位。

习题 1-7 如图 1-29 所示两电路，计算 a、b、c 各点的电位。

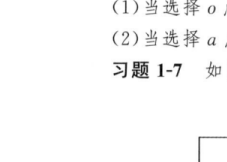

图 1-28 习题 1-6 图

图 1-29 习题 1-7 图

习题 1-8 电路如图 1-30 所示，求：

(1) 开关 S 断开时的电压 U_{ab} 和 U_{cd}。

(2) 开关 S 闭合时的电压 U_{ab} 和 U_{cd}。

习题 1-9 电路如图 1-31 所示，开关 S 处于 1、2 和 3 位置时电压表和电流表的读数分别是多少？

图 1-30 习题 1-8 图

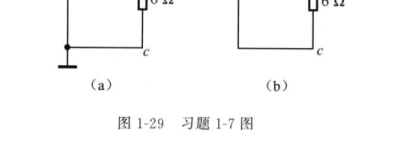

图 1-31 习题 1-9 图

习题 1-10 电路如图 1-32 所示，求电压 U 和电流 I。

习题 1-11 电路如图 1-33 所示，求电阻两端的电压 U_R 和两电源的功率。

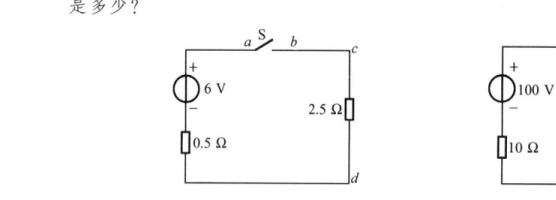

图 1-32 习题 1-10 图

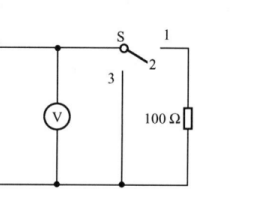

图 1-33 习题 1-11 图

习题 1-12 电路如图 1-34 所示，求电路中的电压 U。

习题 1-13 电路如图 1-35 所示，求电路中的电流 I。

第 1 章 电路的基本概念和基本定律

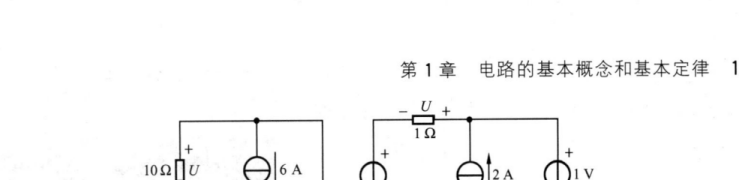

图 1-34 习题 1-12 图

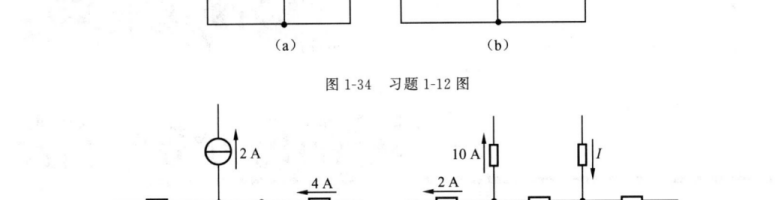

图 1-35 习题 1-13 图

习题 1-14 电路如图 1-36 所示，求电流 I、电压 U_s 和电阻 R。

习题 1-15 电路如图 1-37 所示，求电压 U_{ab}、U_{bd} 和 U_{ad}。

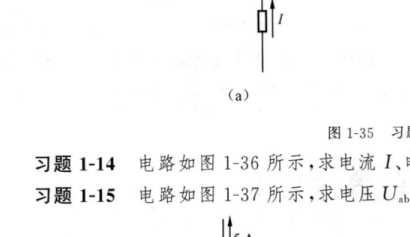

图 1-36 习题 1-14 图

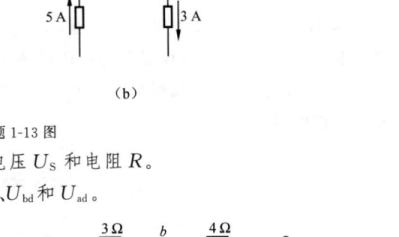

图 1-37 习题 1-15 图

习题 1-16 电路如图 1-38 所示，求电路中的未知量。

习题 1-17 电路如图 1-39 所示，求电压 U_{ab}。

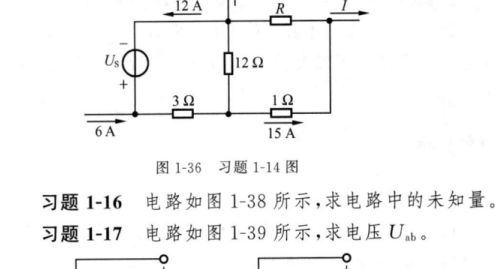

图 1-38 习题 1-16 图

图 1-39 习题 1-17 图

第2章

电路的分析方法

本章以电阻电路为例讨论几种电路的分析方法。首先介绍电路等效变换的概念，电阻的串联和并联，电源的两种模型及其等效变换等；然后讨论几种常用的电路分析方法，包括支路电流法、节点电压法，以及利用叠加定理、戴维宁定理和诺顿定理进行电路分析的方法等，这些都是分析电路的基本方法。

2.1 电路的等效变换

等效电路是电路分析中一个很重要的概念，应用它通过等效变换，可以把多元件组成的电路化简为只有少数几个元件组成的单回路或一对节点的电路，甚至单元件电路。它是化繁为简、化难为易的"钥匙"。在分析电路问题时经常使用等效变换。本节将分别介绍电阻电路等效变换与电源等效变换的方法。

2.1.1 电阻的连接及其等效变换

1. 电阻的串联

在电路中，把几个电阻元件依次首尾连接起来，中间没有分支，在电源的作用下流过各电阻的是同一电流，这种连接方式称为电阻的串联，如图 2-1(a)所示。

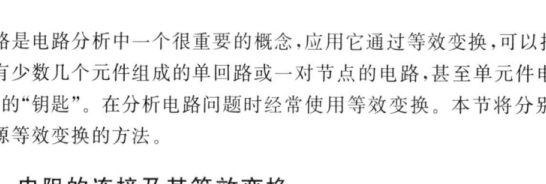

图 2-1 电阻的串联

由基尔霍夫电压定律可知，电阻串联电路的端口电压等于各电阻电压的叠加，即

$$U = U_1 + U_2 = R_1 I + R_2 I = (R_1 + R_2) I = RI \tag{2-1}$$

式中

$$R = \frac{U}{I} = R_1 + R_2 \tag{2-2}$$

R 为两个电阻串联的等效电阻。若用等效电阻 R 代替图 2-1(a)中的两个电阻，电路端口的电

压、电流关系保持不变，如图2-1(b)所示，这种替换方式称为等效变换。两个串联电阻上的电压分别为

$$U_1 = R_1 I = \frac{R_1}{R_1 + R_2} U$$

$$U_2 = R_2 I = \frac{R_2}{R_1 + R_2} U$$
$$(2\text{-}3)$$

式(2-3)为电阻串联电路的分压公式，可见各个电阻上的电压与电阻是成正比的。当其中某个电阻较其他电阻小很多时，在它两端的电压也较其他电阻上的电压小很多，因此，这个电阻的分压作用常可忽略不计。

2. 电阻的并联

电路中如果有两个或两个以上的电阻连接在两个公共的节点之间，则该电路的连接方式称为电阻的并联。其电路如图2-2(a)所示，与电阻串联不同的是，各个并联电阻上所受的电压是同一电压。

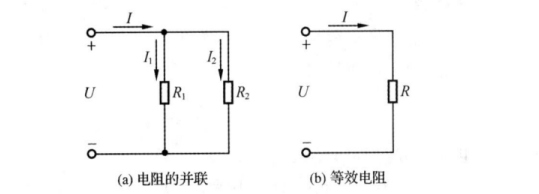

图 2-2 电阻的并联

如图2-2(b)所示，图2-2(a)所示的两个电阻可以用一个等效电阻 R 来代替。在电阻并联电路中，各个并联电阻中的支路电流之和等于电源输入总电流 I，即

$$I = I_1 + I_2 = \frac{U}{R_1} + \frac{U}{R_2} = U\left(\frac{1}{R_1} + \frac{1}{R_2}\right) = \frac{U}{R} \tag{2-4}$$

由式(2-4)可看出图2-2(a)中的两个电阻与图2-2(b)中等效电阻的关系，等效电阻的倒数等于各个并联电阻的倒数之和，即

$$\frac{1}{R} = \frac{1}{R_1} + \frac{1}{R_2} \tag{2-5}$$

或

$$G = G_1 + G_2 \tag{2-6}$$

并联电阻用电导表示，在分析计算多支路并联电路时可以简便些。

两个并联电阻上的电流分别为

$$I_1 = \frac{U}{R_1} = \frac{RI}{R_1} = \frac{R_2}{R_1 + R_2} I$$

$$I_2 = \frac{U}{R_2} = \frac{RI}{R_2} = \frac{R_1}{R_1 + R_2} I$$
$$(2\text{-}7)$$

式(2-7)为电阻并联电路的分流公式，可见各个电阻上的电流与电阻是成反比的。当其中某个电阻较其他电阻大很多时，通过它的电流就较其他电阻上的电流小很多，因此，这个电阻的分流作用常可忽略不计。

一般负载都是并联运用的。负载并联运用时，它们处于同一电压之下，任何一个负载的工作情况基本上不受其他负载的影响。并联的负载电阻越多(负载增加)，则总电阻越小，电路中总电流和总功率也就越大。但是每个负载的电流和功率却没有变动。

【例 2-1】 电路如图 2-3 所示，求 I 及 U。

解：

$$U_{ab} = 4 \times 2 = 8 \text{ V}$$

$$I = 2 + I_1 = 2 + \frac{8}{8} = 2 + 1 = 3 \text{ A}$$

$$U = 8I + U_{ab} = 8 \times 3 + 8 = 32 \text{ V}$$

【例 2-2】 电路如图 2-4 所示，求各支路电流。

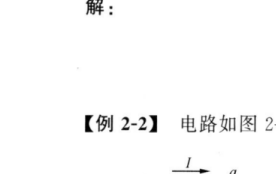

图 2-3 例 2-1 电路

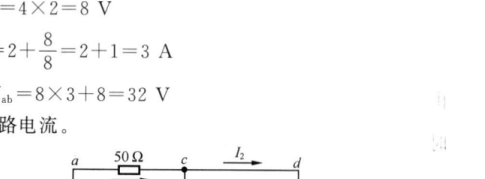

图 2-4 例 2-2 电路

解： 根据图 2-4 所示电路可先求得 ab 两端的等效电阻。

R_{de} 等效于 30 Ω 电阻与 60 Ω 电阻并联，即

$$R_{de} = \frac{30 \times 60}{30 + 60} = 20 \text{ Ω}$$

R_{db} 等效于 10 Ω 电阻与 R_{de} 串联，即

$$R_{db} = 20 + 10 = 30 \text{ Ω}$$

R_{cb} 等效于 30 Ω 电阻与 R_{db} 并联，即

$$R_{cb} = \frac{30 \times 30}{30 + 30} = 15 \text{ Ω}$$

R_{ab} 等效于 50 Ω 电阻与 R_{cb} 串联，即

$$R_{ab} = 15 + 50 = 65 \text{ Ω}$$

根据欧姆定律得

$$I = \frac{24}{R_{ab}} = \frac{24}{65} = 0.37 \text{ A}$$

由式（2-7）得

$$I_2 = \frac{30}{30 + R_{db}} I = \frac{30}{30 + 30} \times 0.37 = 0.185 \text{ A}$$

$$I_1 = I - I_2 = 0.37 - 0.185 = 0.185 \text{ A}$$

$$I_3 = \frac{30}{30 + 60} I_2 = \frac{30}{30 + 60} \times 0.185 = 0.062 \text{ A}$$

$$I_4 = I_2 - I_3 = 0.185 - 0.062 = 0.123 \text{ A}$$

2.1.2 电源的两种模型及其等效变换

能够向电路提供电压、电流的器件或装置称为电源，如电池、发电机等。电路中的实际电源可以用理想电压源与电阻串联的电路模型表示，称为电压源模型；也可以用理想电流源与电阻并联的电路模型来表示，称为电流源模型。电压源模型与电流源模型相互可以等效变换。

1. 电压源模型

电压源模型是由供给一定的恒定电压 U_S 的理想电压源和内阻为 R_0 的电阻元件串联组

成，简称电压源，如图 2-5 所示。接上负载 R_L 后，有

$$I = \frac{U_S}{R_0 + R_L}$$

$$U = U_S - R_0 I$$

由此可以作出电压源特性曲线，如图 2-6 所示。当电压源开路时，$I = 0$，$U = U_S$；当电压源短路时，$U = 0$，$I = \frac{U_S}{R_0}$。内阻 R_0 越小，则特性曲线越平。

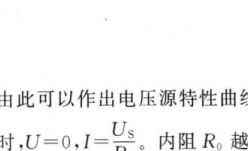

图 2-5 电压源

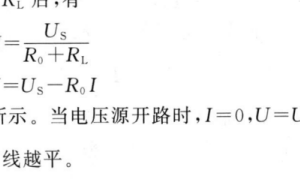

图 2-6 电压源特性曲线

2. 电流源模型

电流源模型是由供给一定的恒定电流 I_S 的理想电流源和内阻为 R_0 的电阻元件并联组成，简称电流源，如图 2-7 所示。接上负载 R_L 后，有

$$I = I_S - \frac{U}{R_0}$$

由此可以作出电流源特性曲线，如图 2-8 所示。当电流源开路时，$I = 0$，$U = R_0 I_S$；当电流源短路时，$U = 0$，$I = I_S$。内阻 R_0 越大，则特性曲线越陡。

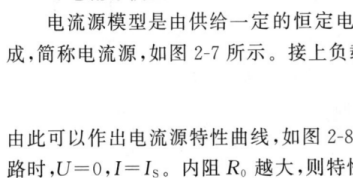

图 2-7 电流源

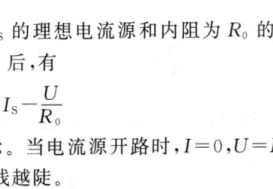

图 2-8 电流源特性曲线

3. 电压源与电流源的等效变换

在电路分析中，由等效电路（如果两个电路对外电路的影响一致，则这两个电路等效）的概念，电源的两种模型可等效互换，因为电压源特性曲线（图 2-6）和电流源特性曲线（图 2-8）是相同的。

在做电压源和电流源的等效变换时，一般不限于内阻 R_0，只要一个电压为 U_S 的理想电压源和一个电阻 R 串联的电路，都可以化为一个电流为 I_S 的理想电流源和这个电阻并联的电路；反之一个电流为 I_S 的理想电流源和一个电阻 R 串联的电路，都可以化为一个电压为 U_S 的理想电压源和这个电阻串联的电路。如图 2-9 所示，其中

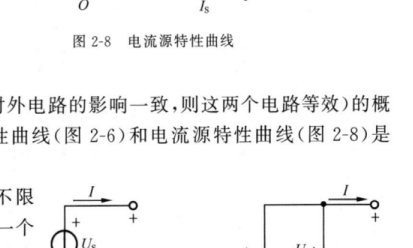

图 2-9 电压源与电流源的等效变换

$$U_S = RI_S \quad \text{或} \quad I_S = \frac{U_S}{R} \tag{2-8}$$

注意：等效变换时要注意理想电压源 U_S 的正极与理想电流源 I_S 的电流流出方向一致。

【例 2-3】 将图 2-10 所示电压源等效变换为电流源。

解：在图 2-10(a) 中，等效电流源的电流为

$$I_s = \frac{U_s}{R} = \frac{4}{2} = 2 \text{ A}$$

方向向上，其等效电流源如图 2-11(a) 所示。

在图 2-10(b) 中，等效电流源的电流为

$$I_s = \frac{U_s}{R} = \frac{18}{6} = 3 \text{ A}$$

方向向下，其等效电流源如图 2-11(b) 所示。

在等效过程中一定要注意电压源电压极性与电流源电流流向的关系。

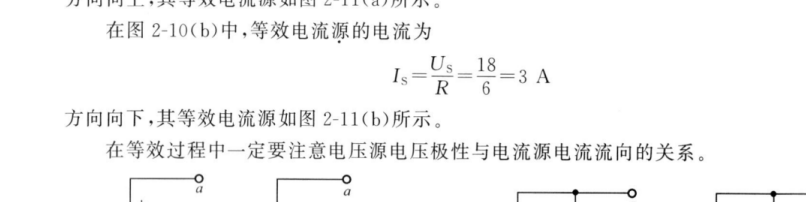

图 2-10 例 2-3 图   图 2-11 例 2-3 等效电流源

【例 2-4】 将图 2-12 所示电流源等效变换为电压源。

解：在图 2-12(a) 中，等效电压源的电压为

$$U_s = RI_s = 3 \times 4 = 12 \text{ V}$$

其等效电压源如图 2-13(a) 所示。

在图 2-12(b) 中，等效电压源的电压为

$$U_s = RI_s = 5 \times 6 = 30 \text{ V}$$

其等效电压源如图 2-13(b) 所示。

在等效过程中一定要注意电流源电流流向与电压源电压极性的关系。

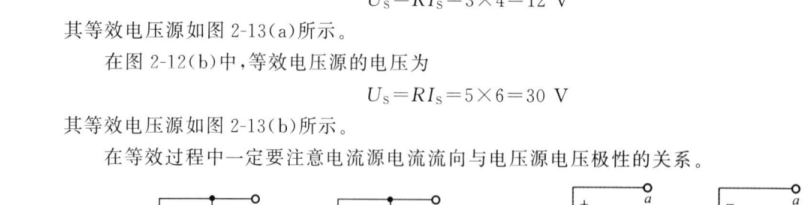

图 2-12 例 2-4 图   图 2-13 例 2-4 等效电压源

【例 2-5】 电路如图 2-14(a) 所示，用电源等效变换法求流过负载的电流 I。

解：由于 10 Ω 电阻与理想电流源是串联形式，对于电流 I 来说，10 Ω 电阻为多余元件，可去掉，可得电路如图 2-14(b) 所示。

图 2-14(b) 所示 12 Ω 电阻与 24 V 理想电压源串联可等效为一个 2 A 的理想电流源，如图 2-14(c) 所示。

图 2-14(c) 所示两个理想电流源并联可等效为一个 22 A 的理想电流源，如图 2-14(d) 所示。

将图 2-14(d) 所示 22 A 理想电流源和 12 Ω 电阻并联可等效为一个 264 V 的电压源，如

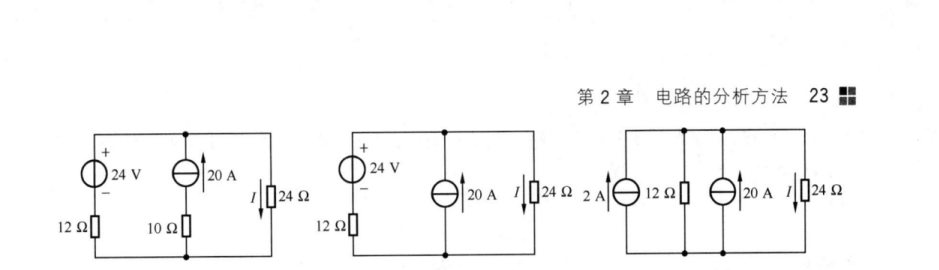

图 2-14 例 2-5 电路

图 2-14(e) 所示。

根据图 2-14(e) 可得

$$I = \frac{264}{12 + 24} = 7.3 \text{ A}$$

2.2 支路电流法

支路电流法是以支路电流为变量，根据基尔霍夫电流定律和基尔霍夫电压定律，列出与支路电流数相同的独立方程，解方程求支路电流，然后求支路电压。支路电流法是分析电路最基本的方法之一。下面以图 2-15 所示电路为例进行说明。

首先，要确定支路的个数，并选择电流的参考方向。图 2-15 电路中有 3 条支路，也就是有 3 个支路电流有待求解，需列出 3 个独立的方程式，各支路电流参考方向如图 2-15 所示。

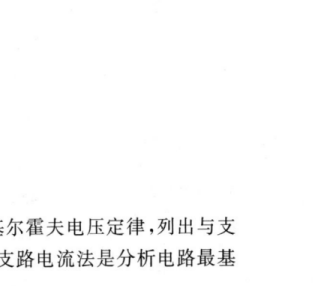

图 2-15 支路电流法

其次，要确定节点个数，列出节点电流方程式。图 2-15 中有 a、b 两个节点，根据基尔霍夫电流定律可列出如下方程：

节点 a $\qquad I_1 + I_2 - I_3 = 0$

节点 b $\qquad -I_1 - I_2 + I_3 = 0$

此两节点电流方程只差 1 个负号，故只有 1 个方程是独立的，也称为有 1 个独立节点。一般来说，如果电路有 n 个节点，那么它能列出 $(n-1)$ 个独立方程。

再次，要根据剩余方程式数，列出电压方程式。如图 2-15 所示，电路共有 Ⅰ($abca$)、Ⅱ($abda$)、Ⅲ($adbca$) 3 个回路，根据基尔霍夫电压定律可列出如下方程：

回路 Ⅰ $\qquad I_1 R_1 + I_3 R_3 - U_{S1} = 0$

回路 Ⅱ $\qquad -I_2 R_2 - I_3 R_3 + U_{S2} = 0$

回路 Ⅲ $\qquad I_1 R_1 - I_2 R_2 + U_{S2} - U_{S1} = 0$

在上面 3 个回路电压方程中，任何 1 个方程都可以由另外 2 个导出，即任何 1 个方程中的所有因式都在另外 2 个方程中出现，而另外 2 个方程中又各自具有对方所没有的因式，故有

2个独立方程，也称为有2个独立回路。从节点电流方程中任选一个，从回路电压方程中任选2个，得到如下3个独立方程：

节点 a $\qquad$ $I_1 + I_2 - I_3 = 0$

回路 I $\qquad$ $I_1 R_1 + I_3 R_3 = U_{S1}$

回路 II $\qquad$ $I_2 R_2 + I_3 R_3 = U_{S2}$

最后，独立方程数恰好等于方程中未知支路电流数，联立3个独立方程，可求得支路电流 I_1, I_2 和 I_3。

【例 2-6】 如图 2-15 所示，已知 $U_{S1} = 54$ V，$U_{S2} = 9$ V，$R_1 = 6$ Ω，$R_2 = 3$ Ω，$R_3 = 6$ Ω，用支路电流法求各支路电流。

解：在电路图上标出各支路电流的参考方向，如图 2-15 所示，选取顺时针方向为回路的绕行方向。应用基尔霍夫定律列方程如下：

$$I_1 + I_2 - I_3 = 0$$

$$I_1 R_1 + I_3 R_3 = U_{S1}$$

$$I_2 R_2 + I_3 R_3 = U_{S2}$$

代入已知数据得

$$I_1 + I_2 - I_3 = 0$$

$$6I_1 + 6I_3 = 54$$

$$3I_2 + 6I_3 = 9$$

解方程可得

$$I_1 = 6 \text{ A}, I_2 = -3 \text{ A}, I_3 = 3 \text{ A}$$

I_2 是负值，说明电阻 R_2 上电流的实际方向与所选参考方向相反。

2.3 节点电压法

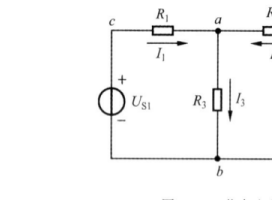

图 2-16 节点电压法

图 2-16 所示为有2个节点的电路。从图中可看出只要求出2个节点之间的电压 U_{ab}，各支路的电流就很容易计算了，这种先算出节点间电压的方法称为节点电压法。

图 2-16 所示电路中已经标明电源的极性和设定的电流参考方向，可列出以下方程式：

$$\left. \begin{array}{l} U_{ab} = U_{S1} - I_1 R_1 \\ U_{ab} = U_{S2} - I_2 R_2 \\ U_{ab} = I_3 R_3 \end{array} \right\} \qquad (2\text{-}9)$$

根据基尔霍夫电流定律，可列出节点 a 电流方程为

$$I_1 + I_2 - I_3 = 0 \qquad (2\text{-}10)$$

如果将式(2-9)化为电流的表现形式，可得

$$I_1 = \frac{U_{S1} - U_{ab}}{R_1}$$

$$I_2 = \frac{U_{S2} - U_{ab}}{R_2}$$

$$I_3 = \frac{U_{ab}}{R_3}$$

代入式(2-10)可得

$$\frac{U_{S1} - U_{ab}}{R_1} + \frac{U_{S2} - U_{ab}}{R_2} - \frac{U_{ab}}{R_3} = 0$$

整理可得

$$U_{ab} = \frac{\dfrac{U_{S1}}{R_1} + \dfrac{U_{S2}}{R_2}}{\dfrac{1}{R_1} + \dfrac{1}{R_2} + \dfrac{1}{R_3}} = \frac{\sum \dfrac{U_S}{R}}{\sum \dfrac{1}{R}} \tag{2-11}$$

式(2-11)中,若支路中理想电压源的极性与节点的电压的极性相同,该电压为正;反之为负。

【例 2-7】 电路如图 2-16 所示,已知 $U_{S1} = 40$ V, $U_{S2} = 20$ V, $R_1 = 10$ Ω, $R_2 = 20$ Ω, $R_3 = 20$ Ω。

解:此题只有 2 个节点,根据式(2-11)可得

$$U_{ab} = \frac{\dfrac{U_{S1}}{R_1} + \dfrac{U_{S2}}{R_2}}{\dfrac{1}{R_1} + \dfrac{1}{R_2} + \dfrac{1}{R_3}} = \frac{\dfrac{40}{10} + \dfrac{20}{20}}{\dfrac{1}{10} + \dfrac{1}{20} + \dfrac{1}{20}} = 25 \text{ V}$$

$$I_1 = \frac{U_{S1} - U_{ab}}{R_1} = \frac{40 - 25}{10} = 1.5 \text{ A}$$

$$I_2 = \frac{U_{S2} - U_{ab}}{R_2} = \frac{20 - 25}{20} = -0.25 \text{ A}$$

$$I_3 = \frac{U_{ab}}{R_3} = \frac{25}{20} = 1.25 \text{ A}$$

同理,如果电路中含有多条支路,但只有 2 个节点,可用节点电压法,只需要列 1 个节点电压方程求出 U_{ab},再求各支路电流。

2.4 叠加定理

对于任一线性网络,若同时受到多个独立电源的作用,则这些共同作用的电源在某条支路上所产生的电压或电流应该等于每个独立电源各自单独作用(所谓每个独立的电源单独作用是指其他独立的电源的值变为零,也就是将理想电压源看作短路,理想电流源看作开路)时在该支路上所产生的电压或电流分量的代数和,这就是叠加定理。

电路的叠加定理可以用图 2-17 所示电路来说明。

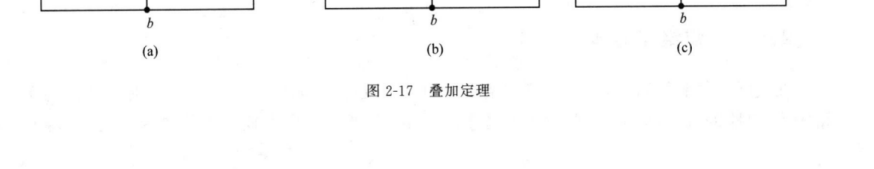

图 2-17 叠加定理

电工电子技术基础

$$I_1 = I'_1 - I''_1 \tag{2-12}$$

$$I_2 = -I'_2 + I''_2 \tag{2-13}$$

$$I_3 = I'_3 + I''_3 \tag{2-14}$$

式中，I'、I''是当两个电源中只有其中一个单独电源作用时，在支路中所产生的电流。当单独作用时产生的电流与电源共同作用时产生的电流参考方向相同带正号，相反带负号。

用叠加定理计算复杂电路就是把一个多电源的电路简化为几个单电源的单独作用计算。在电路中，不仅电流可以叠加，电压也可以叠加。

$$U_{ab} = R_3 I_3 = R_3 (I'_3 + I''_3) = R_3 I'_3 + R_3 I''_3 \tag{2-15}$$

若 $R_3 I'_3 = U'_{ab}$，$R_3 I''_3 = U''_{ab}$

则式(2-15)可表示为

$$U_{ab} = U'_{ab} + U''_{ab} \tag{2-16}$$

式中，U'_{ab}，U''_{ab}是当两个电源中只有一个单独作用时，在支路中所产生的电压。电源单独作用时产生的电压与电源共同作用时产生的电压参考方向相同带正号，相反带负号。

【例 2-8】 如图 2-17(a)所示，$U_{S1} = 16$ V，$U_{S2} = 18$ V，$R_1 = 4$ Ω，$R_2 = 6$ Ω，$R_3 = 12$ Ω，用叠加定理计算图 2-17(a)电路中各个电流值。

解：图 2-17(a)所示电路中的电流可以认为是由图 2-17(b)与图 2-17(c)的电流叠加起来的。可得

$$I'_1 = \frac{U_{S1}}{R_1 + \dfrac{R_2 R_3}{R_2 + R_3}} = \frac{16}{4 + \dfrac{6 \times 12}{6 + 12}} = 2 \text{ A}$$

$$I'_2 = \frac{R_3}{R_2 + R_3} I'_1 = \frac{12}{6 + 12} \times 2 = 1.33 \text{ A}$$

$$I'_3 = \frac{R_2}{R_2 + R_3} I'_1 = \frac{6}{6 + 12} \times 2 = 0.67 \text{ A}$$

$$I''_2 = \frac{U_{S2}}{R_2 + \dfrac{R_3 R_1}{R_1 + R_3}} = \frac{18}{6 + \dfrac{12 \times 4}{4 + 12}} = 2 \text{ A}$$

$$I''_1 = \frac{R_3}{R_1 + R_3} I''_2 = \frac{12}{4 + 12} \times 2 = 1.5 \text{ A}$$

$$I''_3 = \frac{R_1}{R_1 + R_3} I''_2 = \frac{4}{4 + 12} \times 2 = 0.5 \text{ A}$$

根据式(2-12)、式(2-13)、式(2-14)可得

$$I_1 = I'_1 - I''_1 = 2 - 1.5 = 0.5 \text{ A}$$

$$I_2 = -I'_2 + I''_2 = -1.33 + 2 = 0.67 \text{ A}$$

$$I_3 = I'_3 + I''_3 = 0.67 + 0.5 = 1.17 \text{ A}$$

2.5 戴维宁定理和诺顿定理

2.5.1 戴维宁定理

在实际工作和学习中，常常碰到只需要计算某一支路的电压、电流的问题。对所计算的支路来说，电路的其余部分就成为一个有源二端网络，可等效变换为较简单的含源支路(电压源

与电阻串联或电流源与电阻并联支路），使分析和计算简化。而戴维宁定理和诺顿定理正是分析和计算简化的最佳方法。

任何一个线性有源二端网络，如图 2-18(a) 所示，都可以用一个电压为 U_s 的理想电压源和内阻 R_0 串联的支路来代替，如图 2-18(b) 所示，其理想电压源电压等于线性有源二端网络的开路电压 U_o，电阻等于将线性有源二端网络内的电源除去后两端间的等效电阻 R_0，这就是戴维宁定理，又称为等效电压源定理。

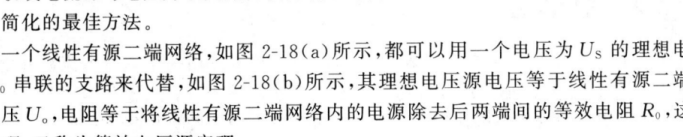

图 2-18 戴维宁定理

戴维宁定理是把一个复杂的有源二端网络转化为一个简单的电压源形式，使得电路的计算变得很简单。

【例 2-9】 用戴维宁定理求如图 2-19(a) 所示电路的电流 I。

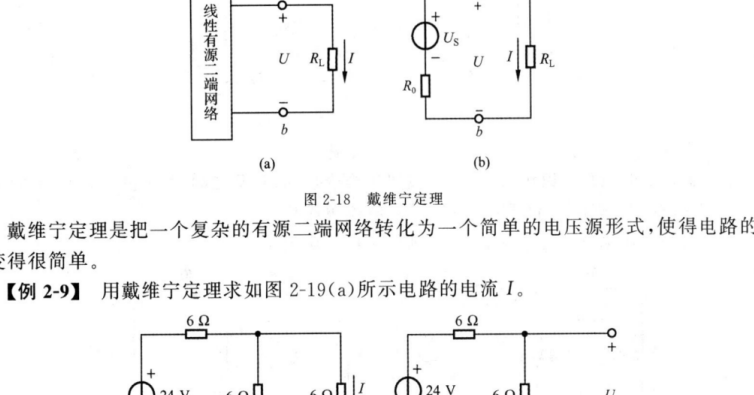

图 2-19 例 2-9 电路

解：(1) 断开待求支路，得有源二端网络如图 2-19(b) 所示。可求得开路电压 U_o 为

$$U_o = \frac{6}{6+6} \times 24 = 12 \text{ V}$$

(2) 将图 2-19(b) 中的理想电压源短路，得无源二端网络如图 2-19(c) 所示，由图可求得等效电阻 R_0 为

$$R_0 = \frac{6 \times 6}{6+6} = 3 \text{ Ω}$$

(3) 根据 U_o 和 R_0 画出戴维宁等效电路并接上待求支路，得图 2-19(a) 的等效电路如图 2-19(d) 所示，可求得 I 为

$$I = \frac{12}{3+6} = 1.33 \text{ A}$$

2.5.2 诺顿定理

任何一个线性有源二端网络，如图 2-20(a)所示，都可以用一个理想电流源和电阻 R_0 并联的电路来代替，如图 2-20(b)所示，其理想电流源电流等于线性有源二端网络的短路电流，电阻等于线性有源二端网络内部除源后两端间的等效电阻 R_0，这就是诺顿定理。

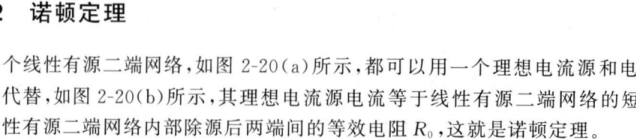

图 2-20 诺顿定理

电压源和电流源是可以等效变换的，按照戴维宁定理，有源二端网络可以用一个等效电压源代替，那么有源二端网络也可以用一个等效电流源代替。

【例 2-10】 用诺顿定理求图 2-21(a)所示电路的电流 I。

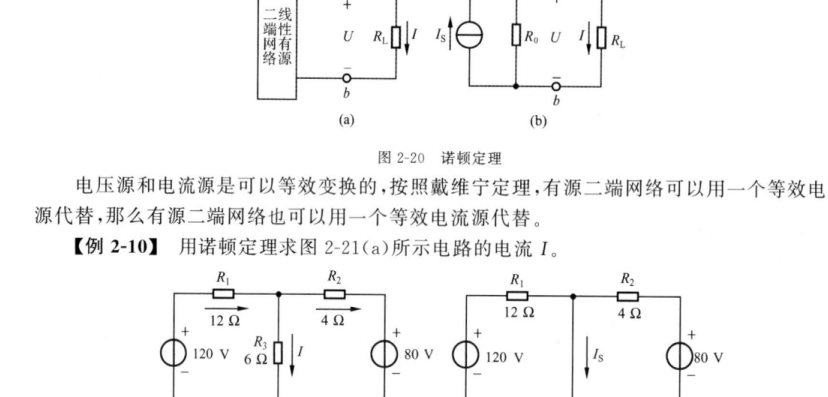

图 2-21 例 2-10 电路

解：将待求支路短路，如图 2-21(b)所示。可求得短路电流 I_S 为

$$I_s = \frac{120}{12} + \frac{80}{4} = 30 \text{ A}$$

将图 2-21(b)中的理想电压源短路，得无源二端网络如图 2-21(c)所示，由图可求得等效电阻 R_0 为

$$R_0 = \frac{R_1 R_2}{R_1 + R_2} = \frac{12 \times 4}{12 + 4} = 3 \text{ }\Omega$$

根据 I_S 和 R_0 画出诺顿等效电路并接上待求支路，得图 2-21(a)的等效电路如图 2-21(d)所示，可求得 I 为

$$I = \frac{R_0}{R_0 + R_3} I_S = \frac{3}{3 + 6} \times 30 = 10 \text{ A}$$

2.6 最大功率传输定理

在实际电路中，信号的传输和处理过程中，电源一般是对外提供能量的。负载吸收电源发出的能量，让负载从电源处获得尽可能大的功率是具有实际意义的。当实际电源的开路电压和电源内阻一定时，负载为多大能从电源处获得最大功率，负载获得的最大功率是多少，这就是最大功率的传输问题。

2.6.1 最大功率

如图 2-22(a) 所示电路，负载电阻 R_L 的电流和吸收的功率分别为

$$I = \frac{U_S}{R_0 + R_L} \tag{2-17}$$

$$P = R_L I^2 = \left(\frac{U_S}{R_0 + R_L}\right)^2 R_L \tag{2-18}$$

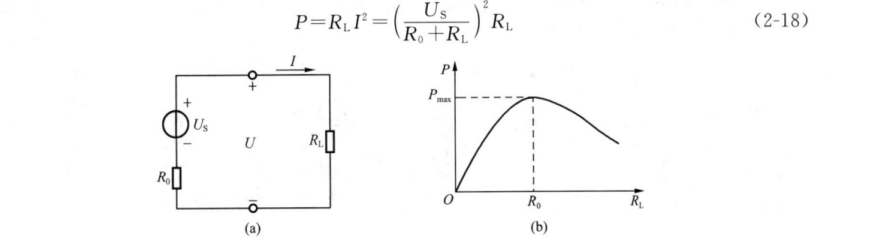

图 2-22 最大功率传输定理

式(2-18)中的功率 P 与负载电阻 R_L 的关系如图 2-22(b) 所示。从图中可以看到功率存在最大值，即最大功率。为求负载电阻 R_L 获得的最大功率，可令 $\frac{dP}{dR_L} = 0$，即

$$\frac{dP}{dR_L} = \frac{(R_0 + R_L)^2 - 2R_L(R_0 + R_L)}{(R_0 + R_L)^4} U_S^2 = \frac{(R_0 - R_L)U_S^2}{(R_0 + R_L)^3} = 0 \tag{2-19}$$

可得

$$R_L = R_0 \tag{2-20}$$

并且，当 $R_L < R_0$ 时，$\frac{dP}{dR_L} > 0$；当 $R_L > R_0$ 时，$\frac{dP}{dR_L} < 0$。故当 $R_L = R_0$ 时，P 为最大值。

由此可知，在直流电路中，当负载电阻 R_L 和电源内阻 R_0 相等时，负载电阻可从电源获得最大功率，此时称电源和负载实现"功率匹配"。负载获得的最大功率为

$$P_{\max} = \frac{U_S^2}{4R_L} \tag{2-21}$$

在求直流电路某个电阻的最大功率问题时，一般将该电阻作为待求支路从电路中分离出来，如图 2-18 所示。电路的其他部分看成是一个有源二端网络。然后将有源二端网络用戴维宁电路等效，之后即可利用最大功率传输的结论，计算电阻获得的最大功率。

2.6.2 效率

效率为负载获得的功率与电源产生的功率之比，一般用符号 η 表示。效率 η 为

$$\eta = \frac{P}{P_s} \times 100\% \tag{2-21}$$

在图 2-22(a)所示电路中，当负载获得最大功率时，电路的传输效率为

$$\eta = \frac{R_{\rm L} I^2}{(R_{\rm L} + R_0) I^2} \times 100\% = 50\% \tag{2-22}$$

由式(2-22)可以看出，在负载从电源处获得最大功率时，传输效率却很低，有一半的功率消耗在电源内部，这种情况在注重能量传输的电力系统中是不允许的，电力系统要求高效率的传输电功率，因此应使负载电阻大于电源内阻。但在无线电技术和通信系统中，注重信号的传输，功率属次要问题，通常要求负载工作在匹配条件下，以获得最大功率。

但有一点需要注意，当负载获得最大功率时，开路电压的传输效率仍为 50%。由于等效只是对外电路等效，有源二端网络和戴维宁等效电路的内部是不等效的。由等效电阻 R_0 计算的功率一般并不等于网络内部消耗的功率。因此，实际上当负载得到最大功率时，有源二端网络内部功率传输未必是 50%。

【例 2-11】 电路如图 2-23(a)所示。

(1) $R_{\rm L}$ 为何值时获得最大功率？计算最大功率。

(2)求 120 V 电压源的传输效率。

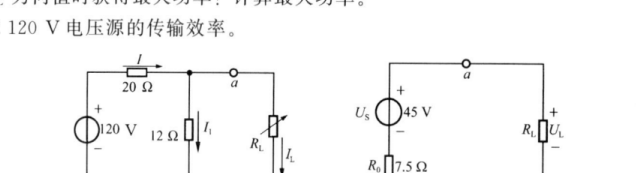

图 2-23 例 2-11 电路

解：(1)断开负载 $R_{\rm L}$，求 a、b 端口左侧的戴维宁等效电路的开路电压 $U_{\rm o}$ 为

$$U_{\rm o} = \frac{12}{20 + 12} \times 120 = 45 \text{ V}$$

等效电阻 R_0 为

$$R_0 = \frac{20 \times 12}{20 + 12} = 7.5 \text{ Ω}$$

戴维宁等效电路如图 2-23(b)所示，由最大功率传输定理可知，当 $R_{\rm L} = R_0 = 7.5$ Ω 时，负载获得最大功率，最大功率为

$$P_{\max} = \frac{U_{\rm S}^2}{4R_{\rm L}} = \frac{45^2}{4 \times 7.5} = 67.5 \text{ W}$$

(2)当负载获得最大功率时，负载电流、电压为

$$I_{\rm L} = \frac{U_{\rm S}}{R_1 + R_{\rm L}} = \frac{45}{7.5 + 7.5} = 3 \text{ A}$$

$$U_{\rm L} = R_{\rm L} \times I_{\rm L} = 7.5 \times 3 = 22.5 \text{ V}$$

由图 2-23(a)得 12 Ω 电阻电流为

$$I_1 = \frac{U_{\rm L}}{12} = \frac{22.5}{12} = 1.875 \text{ A}$$

$$I = I_1 + I_{\rm L} = 1.875 + 3 = 4.875 \text{ A}$$

120 V 电压源发出的功率为

$$P_{\rm S} = 120 \times 4.875 = 585 \text{ W}$$

传输效率为

$$\eta = \frac{67.5}{585} \times 100\% = 11.5\%$$

由此题可见，虽然戴维宁等效电路的传输效率为 50%，但电路中电压源实际的传输效率为 11.5%

小 结

本章介绍了线性电阻电路的分析方法，着重介绍了如何依据基尔霍夫定律建立方程，从而求得所需的电流和电压。本章首先引入电路等效变换的概念，详细介绍了电阻的串联和并联的等效变换，电压源、电流源的串联和并联，电源的两种模型及其等效变换以及输入电阻的概念与计算等。其次介绍了几种常用的电路的分析方法，包括支路电流法、节点电压法，利用叠加定理、戴维宁定理和诺顿定理等进行电路分析的方法。最后介绍了功率最大传输定理和效率的问题。

习 题

习题 2-1 串联电阻的等效电阻(总电阻)与各个串联电阻的关系是什么？并联电阻的等效电阻与各个并联电阻的关系是什么？

习题 2-2 一般来说，对于具有 n 个节点的电路应用基尔霍夫电流定律能得到几个独立方程？

习题 2-3 一个电源可以用哪两种不同的电路模型来表示？

习题 2-4 简述叠加定理的定义。

习题 2-5 电路如图 2-24 所示，求等效电阻 R_{ab}。

习题 2-6 电路如图 2-25 所示，求等效电阻 R_{ab}。

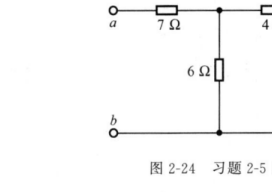

图 2-24 习题 2-5 图

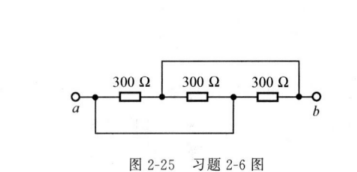

图 2-25 习题 2-6 图

习题 2-7 电路如图 2-26 所示，电流 $I = 1/3$ A，求电阻 R。

习题 2-8 电路如图 2-27 所示，电压 $U = 2/3$ V，求电阻 R。

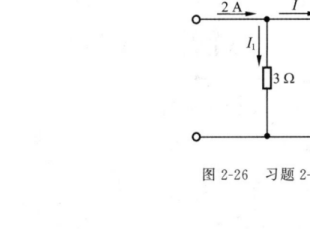

图 2-26 习题 2-7 图

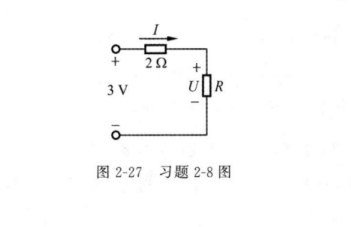

图 2-27 习题 2-8 图

习题 2-9 电路如图 2-28 所示，用电源模型等效变换法求 R_3 中通过的电流。

习题 2-10 电路如图 2-29 所示，用电源模型等效变换法求电流 I。

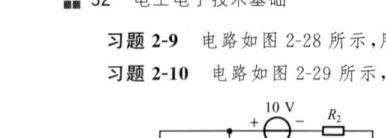

图 2-28 习题 2-9 图

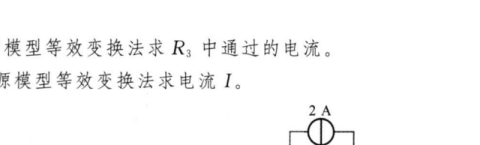

图 2-29 习题 2-10 图

习题 2-11 求如图 2-30 所示电路的最简等效电路。

习题 2-12 求如图 2-31 所示电路各支路电流。

图 2-30 习题 2-11 图

图 2-31 习题 2-12 图

习题 2-13 在图 2-32 所示电路中，有几条支路、几个节点？U_{ab} 和 I 各等于多少？

习题 2-14 电路如图 2-33 所示，用支路电流法求各支路电流。

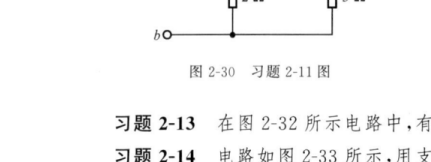

图 2-32 习题 2-13 图

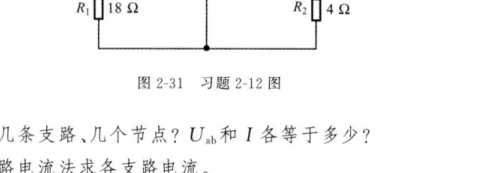

图 2-33 习题 2-14 图

习题 2-15 利用支路电流法求图 2-34 所示电路中的电流 I_3。

习题 2-16 用节点电压法求图 2-35 所示电路中的电流 I_3。

习题 2-17 用节点电压法求图 2-34 所示电路中的电流 I_3。

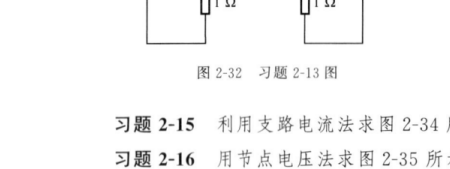

图 2-34 习题 2-15、习题 2-17 图

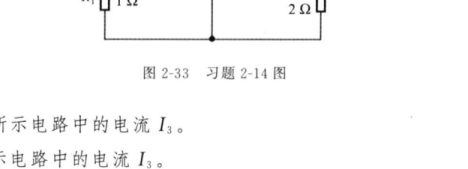

图 2-35 习题 2-16 图

习题 2-18 电路如图 2-36 所示，用叠加定理求电压 U。

习题 2-19 电路如图 2-37 所示，用叠加定理求电流 I_3。

图 2-36 习题 2-18 图

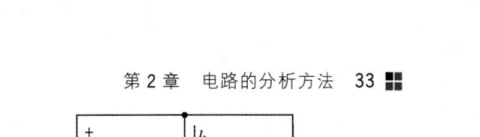

图 2-37 习题 2-19 图

习题 2-20 电路如图 2-38 所示，用戴维宁定理和诺顿定理求电流 I_3。

习题 2-21 电路如图 2-39 所示，用戴维宁定理和诺顿定理求电流 I。

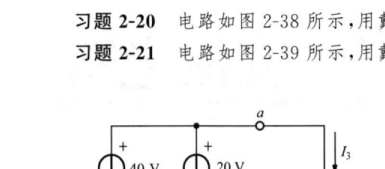

图 2-38 习题 2-20 图

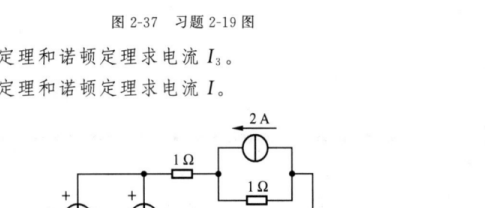

图 2-39 习题 2-21 图

习题 2-22 电路如图 2-40 所示，当电阻 $R_L = 10 \ \Omega$ 时，$U = 15$ V；当电阻 $R_L = 20 \ \Omega$ 时，$U = 20$ V。求 $R_L = 30 \ \Omega$ 时的 U。

习题 2-23 电路如图 2-41 所示。

(1) R 为何值时获得最大功率？计算最大功率。

(2) 求 18 V 电压源的传输效率。

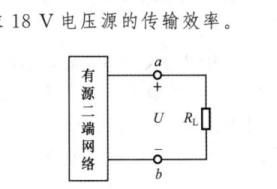

图 2-40 习题 2-22 图

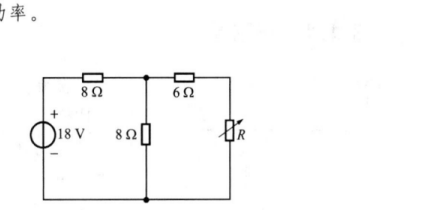

图 2-41 习题 2-23 图

第3章

正弦交流电路

正弦交流电路是指含有正弦电源而且各部分所产生的电压和电流均按正弦规律变化的电路。生产、生活中广泛使用交流电，其中又以按正弦规律变化的交流电应用最为普遍。因此，研究正弦交流电路具有重要的现实意义。

本章介绍正弦交流电路的基本概念、基本理论和基本的分析方法，确定不同参数和不同结构的各种正弦交流电路中电压与电流之间的关系。学习本章内容为后面学习交流电机、电器及电子技术打下基础。

3.1 正弦交流电的基本概念

3.1.1 正弦量

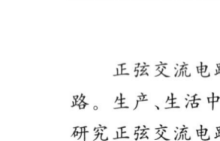

图 3-1 直流电压和电流

在直流电路中，电压和电流的大小和方向是不随时间变化的，如图 3-1 所示。但在电工技术中常见的是随时间变化的电压和电流，其中常用的是电压和电流按正弦规律周期性变化，其波形如图 3-2(a) 所示。由于正弦电压和电流的方向是周期性变化的，在电路图上所标的方向是它们的参考方向，即代表正半周时的方向；在负半周时，由于所标的参考方向与实际方向相反，则其值为负。虚线箭头代表电流的实际方向，$\oplus$、$\ominus$ 代表电压的实际方向，如图 3-2(b)、图 3-2(c) 所示。

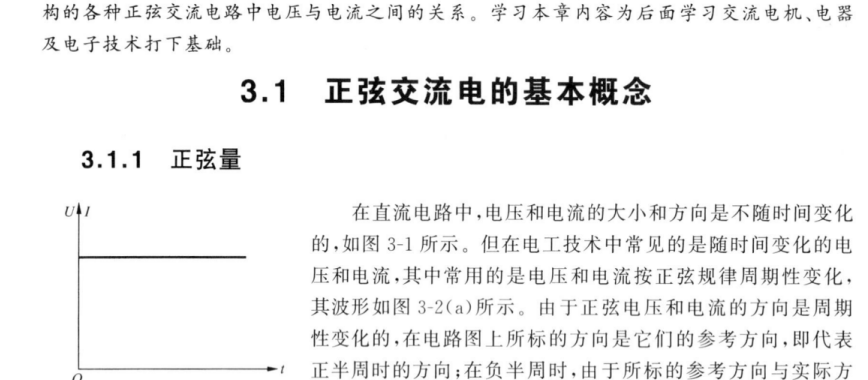

图 3-2 正弦电压和电流

正弦电压和电流常统称为正弦量或正弦交流电。正弦量的特征表现在变化的快慢、大小和初始值 3 个方面，而它们分别由频率（周期）、幅值（有效值）和初相位来确定。

3.1.2 正弦交流电的三要素

下面以正弦电流为例介绍正弦量的三要素。

图 3-3 所示为一正弦电流的波形，其数学表达式为

$$i = I_m \sin(\omega t + \theta) \qquad (3\text{-}1)$$

式中，I_m、ω 和 θ 分别称为幅值、角频率和初相位，统称为正弦量的三要素。正弦量的在任一瞬间的值称为瞬时值，i、u 和 e 分别表示电流、电压和电动势的瞬时值。已知正弦量的三要素，即可确定正弦量的瞬时值。

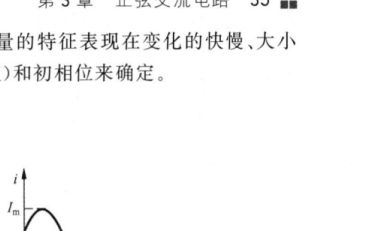

图 3-3 正弦电流的波形

1. 幅值

正弦量瞬时值中的最大的值称为幅值，表示交流电的强度，用下标"m"表示，如 U_m 和 E_m 分别表示电压和电动势的幅值。

在分析和计算正弦交流电路时，往往不是用它们的幅值，而是用有效值（均方根值）来计量的。有效值根据交流电流与直流电流热效应相等的原则规定，即交流电流的有效值是热效应与它相等的直流电流的数值。I，U 和 E 分别表示电流、电压和电动势的有效值。正弦交流电流的有效值与幅值的关系为

$$I = \frac{I_m}{\sqrt{2}} = 0.707 I_m \qquad (3\text{-}2)$$

同理，正弦交流电压和电动势的有效值与幅值之间的关系为

$$U = \frac{U_m}{\sqrt{2}} = 0.707 U_m, \quad E = \frac{E_m}{\sqrt{2}} = 0.707 E_m \qquad (3\text{-}3)$$

一般所说的正弦电压或电流的大小，如交流电压 380 V 或 220 V，都是指它的有效值。一般交流电流表和电压表的刻度也是根据有效值来定的。

2. 角频率

在单位时间内正弦量变化的角度称为角频率，它反映了正弦量的变化快慢程度，单位为弧度每秒（rad/s）。

正弦量变化快慢还可用频率和周期表示。正弦量变化一次所需时间称为周期，用 T 表示，单位为秒（s）。每秒内正弦量变化的次数称为频率，用 f 表示，单位为赫兹（Hz）。

在工程实际中，各种不同的交流电频率在不同的场合使用。例如，我国和大多数国家都采用 50 Hz 作为电力标准频率，有些国家（如美国、日本）采用 60 Hz。这种频率在工业上应用广泛，习惯上也称为工频。高速电动机的频率是 150～2 000 Hz；收音机中波段的频率是 530～1 600 kHz，短波段是 2.3～23 MHz；移动通信的频率是 900 MHz 和 1 800 MHz。

因为正弦量一周期内经历了 2π 弧度，所以 ω、T 和 f 三者之间的关系为

$$\omega = \frac{2\pi}{T} = 2\pi f \qquad (3\text{-}4)$$

【例 3-1】 已知正弦电压的表达式为 $u = 311\sin 314t$ V，试求电压有效值 U、频率 f 和周期 T。

解：

$$U = \frac{U_{\mathrm{m}}}{\sqrt{2}} = \frac{311}{\sqrt{2}} = 220 \text{ V}$$

$$f = \frac{\omega}{2\pi} = \frac{314}{2 \times 3.14} = 50 \text{ Hz}$$

$$T = \frac{1}{f} = \frac{1}{50} = 0.02 \text{ s}$$

3. 初相位

随时间变化的角度 $(\omega t + \theta)$ 称为正弦量的相位。如果已知正弦量在某一时刻的相位，就可以确定这个正弦量在该时刻的数值、方向及变化趋势，因此相位表示了正弦量在某时刻的状态。不同的相位对应正弦量的不同状态，所以相位还反映出正弦量变化的进程。

$t = 0$ 时的相位称为初相位，即 $\theta = (\omega t + \theta)\big|_{t=0}$。初相位的单位为弧度，但习惯上常用度(°)作为单位。初相位的正负、大小与计时起点的选择有关。通常在 $|\theta| \leqslant \pi$ 的主值范围内取值。如果离坐标原点最近的正弦量的最大值出现在时间起点之前，则式中的 $\theta > 0$；如果离坐标原点最近的正弦量的最大值出现在时间起点之后，则式中的 $\theta < 0$。初相位决定了正弦量的初始值，正弦量的初相位不同，其初始值也就不同。

3.1.3 相位差

两个同频率正弦量的相位之差，称为相位差。例如有两个同频率的正弦电压

$$u_1 = U_{m1} \sin(\omega t + \theta_1)$$

$$u_2 = U_{m2} \sin(\omega t + \theta_2)$$

它们的相位差为

$$\varphi = (\omega t + \theta_1) - (\omega t + \theta_2) = \theta_1 - \theta_2 \tag{3-5}$$

即两个同频率正弦量的相位差，等于它们的初相位之差。相位差与时间 t 无关，正如两个人从两地以同样速度同向而行，它们之间的距离始终不变，恒等于初始距离。

若 $\varphi > 0$，且 $|\varphi| \leqslant \pi$，则 u_1 比 u_2 先达到幅值，称 u_1 超前 u_2 的角度为 φ，或者说 u_2 滞后 u_1 的角度为 φ，如图 3-4(a) 所示。

若 $\varphi < 0$，且 $|\varphi| \leqslant \pi$，称 u_1 滞后 u_2 的角度为 φ。

若 $\varphi = 0$，称 u_1 和 u_2 相位相同，简称同相，如图 3-4(b) 所示。

若 $\varphi = \pi$，称 u_1 和 u_2 相位相反，简称反相，如图 3-4(c) 所示。

由以上分析可知，两个同频率正弦量的计时起点（$t = 0$）不同时，它们的相位和初相位不同，但它们之间的相位差不变。在交流电路中，常常需要研究多个同频率正弦量之间的关系，为了方便起见，可以选其中某一个正弦量作为参考，称为参考正弦量。令参考正弦量的初相位 $\theta = 0$，其他各正弦量的初相即该正弦量与参考正弦量的相位差。

为方便计算相位差，在此给出常用的三角函数关系为

$$-\sin\omega t = \sin(\omega t \pm \pi)$$

$$-\cos\omega t = \cos(\omega t \pm \pi)$$

$$\cos\omega t = \sin(\omega t + \frac{\pi}{2})$$

图 3-4 同频率正弦量的几种相位关系

【例 3-2】 已知某正弦交流电流的有效值 $I = 10$ A，频率 $f = 50$ Hz，初相位 $\theta = \frac{\pi}{4}$ rad，求该电流的表达式和 $t = 2$ ms 时的瞬时值。

解：角频率为

$$\omega = 2\pi f = 2 \times 3.14 \times 50 = 314 \text{ rad/s}$$

电流 i 的幅值为

$$I_m = \sqrt{2} \, I = 10\sqrt{2} \text{ A}$$

则电流的表达式为

$$i = I_m \sin(\omega t + \theta) = 10\sqrt{2} \sin(314t + \frac{\pi}{4}) \text{ A}$$

当 $t = 2$ ms 时有

$$i = 10\sqrt{2} \sin(314t + \frac{\pi}{4}) = 10\sqrt{2} \sin(314 \times 2 \times 10^{-3} + \frac{\pi}{4}) = 14 \text{ A}$$

3.2 正弦量相量表示法

前面介绍了正弦量的两种表示方法——三角函数式和正弦波形。但这两种表示方法在分析和计算正弦交流电路时，难于进行加、减、乘、除等运算。因此，需要寻求一种使正弦量的运算变得简单、方便的表示方法，即相量表示法。

由于相量表示法实质是一种用复数来表征正弦量的方法，在介绍相量表示法以前，先简要介绍复数的运算。

3.2.1 复数及其运算

设有一复数 A，其中 a 为实部，b 为虚部，则它的直角坐标式为

$$A = a + jb \tag{3-6}$$

式中，j 为虚数单位，$j = \sqrt{-1}$，并由此得 $j^2 = -1$，$\frac{1}{j} = -j$。已知一个复数的实部和虚部，那么这个复数就可以确定。式（3-6）又称为复数的代数式。

复数也可在复平面上表示出来。取一直角坐标系，其横轴称为实轴，单位为 $+1$，纵轴称为虚轴，单位为 $+j$，这两个坐标轴所在的平面称为复平面。每一个复数在复平面上都可以找到

唯一的点与之对应，而复平面上每一点也都对应着唯一的复数。如复数 $A = 4 + j3$，所对应的点如图 3-5(a) 中的 A 点所示。

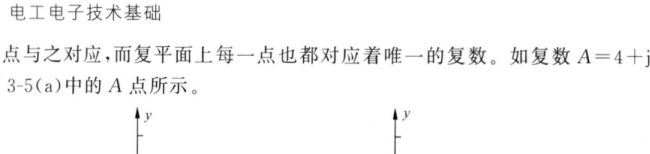

图 3-5 复数在复平面上的表示和复矢量表示

复数还可以用复平面上的一个复矢量表示。复数 $A = a + jb$，可以用一个从原点 O 到 A 点的复矢量来表示。如图 3-5(b) 所示，复平面中的复矢量 OA 表示复数 A。复矢量的长度为 r，为复数的模。

$$r = |A| = \sqrt{a^2 + b^2} \tag{3-7}$$

复矢量与实轴正方向夹角 θ 称为复数 A 的辐角

$$\theta = \arctan \frac{b}{a} (\theta \leqslant 2\pi) \tag{3-8}$$

在实轴和虚轴上的投影分别为复数的实部 a 和虚部 b。由图 3-5(b) 可得

$$a = r\cos\theta \tag{3-9}$$

$$b = r\sin\theta \tag{3-10}$$

因此

$$A = a + jb = r\cos\theta + jr\sin\theta = r(\cos\theta + j\sin\theta) \tag{3-11}$$

根据欧拉公式

$$e^{j\theta} = \cos\theta + j\sin\theta \tag{3-12}$$

复数写成指数形式为

$$A = re^{j\theta} \tag{3-13}$$

或写成极坐标形式为

$$A = r \angle\theta \tag{3-14}$$

当两个复数进行加减时，实部和实部相加减，虚部和虚部相加减。例如两个复数 $A_1 = a_1 + jb_1$ 和 $A_2 = a_2 + jb_2$ 相加减，有

$$A_1 \pm A_2 = (a_1 \pm a_2) + j(b_1 \pm b_2) \tag{3-15}$$

当两个复数进行乘法和除法运算时，复数可采用指数形式或极坐标形式。例如两个复数 $A_1 = r_1 \angle\theta_1$ 和 $A_2 = r_2 \angle\theta_2$ 相乘或相除，有

$$A_1 \cdot A_2 = r_1 \angle\theta_1 \cdot r_2 \angle\theta_2 = r_1 r_2 \angle\theta_1 + \theta_2 \tag{3-16}$$

$$\frac{A_1}{A_2} = \frac{r_1 \angle\theta_1}{r_2 \angle\theta_2} = \frac{r_1}{r_2} \angle\theta_1 - \theta_2 \tag{3-17}$$

即复数相乘时，模相乘，辐角相加；复数相除时，模相除，辐角相减。

【例 3-3】 写出复数 $A_1 = 4 - j3$ 的指数形式和极坐标形式。

解：A_1 的模为

$$r_1 = \sqrt{4^2 + (-3)^2} = 5$$

A_1 的辐角为

$$\theta = \arctan \frac{-3}{4} = -36.9°(在第四象限)$$

则 A_1 的指数形式为

$$A_1 = 5\mathrm{e}^{-\mathrm{j}36.9°}$$

A_1 的极坐标形式为

$$A_1 = 5 \angle -36.9°$$

【例 3-4】 已知 $A_1 = 6 + \mathrm{j}8 = 10 \angle 53.1°$，$A_2 = 4 - \mathrm{j}3 = 5 \angle -36.9°$，计算 $A_1 + A_2$，$A_1 - A_2$，$A_1 \cdot A_2$，$\dfrac{A_1}{A_2}$。

解：

$$A_1 + A_2 = (6 + \mathrm{j}8) + (4 - \mathrm{j}3) = 10 + \mathrm{j}5$$

$$A_1 - A_2 = (6 + \mathrm{j}8) - (4 - \mathrm{j}3) = 2 + \mathrm{j}11$$

$$A_1 \cdot A_2 = 10 \angle 53.1° \times 5 \angle -36.9° = 50 \angle 16.2°$$

$$\frac{A_1}{A_2} = \frac{10 \angle 53.1°}{5 \angle -36.9°} = 2 \angle 90°$$

3.2.2 正弦量的相量表示法

由以上介绍可知，一个复数由模和辐角两个特征来确定。可以用复数来表示正弦量，用复数的模表示正弦量的幅值或有效值，复数的辐角表示正弦量的初相位。

为了和一般的复数相区别，把表示正弦量的复数称为相量，并在大写字母上加"·"表示。

例如正弦电压 $u = U_\mathrm{m}\sin(\omega t + \theta_u)$，则它的相量为

$$\dot{U}_\mathrm{m} = U_\mathrm{m}\mathrm{e}^{\mathrm{j}\theta_u} = U_\mathrm{m} \angle \theta_u \tag{3-18}$$

正弦电流 $i = I_\mathrm{m}\sin(\omega t + \theta_i)$ 的相量为

$$\dot{I}_\mathrm{m} = I_\mathrm{m}\mathrm{e}^{\mathrm{j}\theta_i} = I_\mathrm{m} \angle \theta_i \tag{3-19}$$

正弦量的大小通常用有效值计量，因此用有效值作为相量的模更方便。用有效值作模的相量称为有效值相量。相应的用幅值作为相量模的相量称为幅值相量。有效值相量用表示正弦量有效值的字母上加"·"表示，可通过幅值相量除以 $\sqrt{2}$ 得到。本书如不特别声明，则使用的都是有效值相量。正弦电压和正弦电流的有效值相量分别为

$$\dot{U} = \frac{\dot{U}_\mathrm{m}}{\sqrt{2}} = \frac{U_\mathrm{m} \angle \theta_u}{\sqrt{2}} = U \angle \theta_u \left. \right\}$$

$$\dot{I} = \frac{\dot{I}_\mathrm{m}}{\sqrt{2}} = \frac{I_\mathrm{m} \angle \theta_i}{\sqrt{2}} = I \angle \theta_i \left. \right\} \tag{3-20}$$

将同频率的正弦量画在同一复平面中，称为相量图。从相量图中可以方便地看出各个正弦量的大小及它们相互之间的关系，图 3-6 所示为正弦电压和电流的相量图。只有同频率的正弦量才能画在同一相量图上，不同频率的正弦量不能画在一个相量图上，否则无法比较和计算。

由上可知，表示正弦量的相量有两种形式，即复数式（相量式）和相量图。由于相量与它表示的正弦量一一对应，当它们之

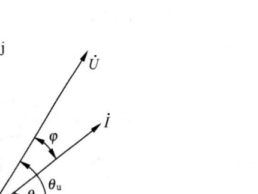

图 3-6 正弦电压和电流的相量图

间进行变换时，不必用取虚部等数学演算一步步导出，可直接根据正弦量的要素写出变换结果。

【例 3-5】 已知正弦电流为 $i_1 = 6\sqrt{2} \sin\omega t$ A，$i_2 = 5\sqrt{2} \sin(\omega t - 130°)$ A，$i_3 = 10\sqrt{2} \sin(\omega t + 40°)$ A，电压为 $u_1 = 220\sqrt{2} \sin(\omega t + 45°)$ V，写出它们的相量。

解：

$$\dot{I}_1 = 6e^{j0°} \text{ A}$$

$$\dot{I}_2 = 5e^{-j130°} \text{ A}$$

$$\dot{I}_3 = 10e^{j40°} \text{ A}$$

$$\dot{U}_1 = 220e^{j45°} \text{ V}$$

【例 3-6】 已知正弦电流 $i_1 = 5\sqrt{2} \sin(\omega t + 45°)$ A，$i_2 = 10\sqrt{2} \sin(\omega t + 60°)$ A，求电流 $i = i_1 + i_2$。

解： 将已知正弦电流分别用相量表示，并展开为代数形式。

$$\dot{I}_1 = 5e^{j45°} = 5\cos45° + j5\sin45° = 3.54 + j3.54 \text{ A}$$

$$\dot{I}_2 = 10e^{j60°} = 10\cos60° + j10\sin60° = 5 + j8.66 \text{ A}$$

$$\dot{I} = \dot{I}_1 + \dot{I}_2 = (3.54 + j3.54) + (5 + j8.66) = 8.54 + j12.2 = 14.9 \angle 55° \text{ A}$$

所以

$$i = i_1 + i_2 = 14.9\sqrt{2} \sin(\omega t + 55°) \text{ A}$$

3.3 电感元件和电容元件

3.3.1 电感元件

电感元件是从实际电感线圈抽象出来的电路模型，是一种电能与磁场能进行转换的理想电路元件。

电流产生磁场，磁通 Φ 是描述磁场的物理量，磁通 Φ 与产生它的电流 i 间的关联方向符合右手螺旋定则，如图 3-7 所示。

当实际电感线圈通入电流时，线圈内部及周围都会产生磁场，并储存磁场能量。磁通与线圈相交链，如图 3-8 所示，与 N 匝线圈交链的磁链为

$$\psi = N\Phi \tag{3-21}$$

磁链 ψ 与磁通 Φ 的单位在国际单位制中为韦[伯]（Wb），简称韦。

电感元件的磁链与产生它的电流成正比，其比例系数为常数，定义为

$$L = \frac{\psi}{i} \tag{3-22}$$

式（3-22）中，L 称为电感元件的自感系数，简称电感。i 与 ψ 的关系如图 3-9 所示，为一条通过原点的直线。

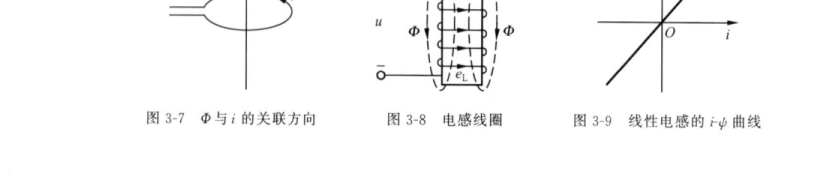

图 3-7 Φ 与 i 的关联方向　　图 3-8 电感线圈　　图 3-9 线性电感的 i-ψ 曲线

国际单位制中电感的单位为亨[利](H)，简称亨。其他常用的单位有毫亨(mH)和微亨(μH)，换算关系为

$$1 \text{ H} = \frac{1 \text{ Wb}}{1 \text{ A}} = 10^3 \text{ mH} = 10^6 \ \mu\text{H}$$

由法拉第电磁感应定律可知，当电感线圈中电流发生变化时，磁链 ψ 也随之变化，在线圈中将产生感应电动势 e_L。通常规定 e_L 的参考方向与磁链方向符合右手螺旋定则，如图 3-8 所示。e_L 与磁链 ψ 的变化率之间的关系为

$$e_L = -\frac{\mathrm{d}\psi}{\mathrm{d}t} = -L\frac{\mathrm{d}i}{\mathrm{d}t} \qquad (3\text{-}23)$$

电感元件的电压、电流和电动势的参考方向如图 3-10 所示。根据基尔霍夫电压定律，电压和电动势的关系为

$$u = -e_L = L\frac{\mathrm{d}i}{\mathrm{d}t} \qquad (3\text{-}24)$$

图 3-10 电感元件

式(3-24)表明，电感元件两端电压与通过电感元件的电流变化率成正比。当流过电感元件的电流是直流电流，即 $\frac{\mathrm{d}i}{\mathrm{d}t} = 0$，则 $u = 0$，这时电感元件相当于短路。

将式(3-24)两边积分并整理，可得电感电流为

$$i = \frac{1}{L}\int_{-\infty}^{t} u\mathrm{d}t = \frac{1}{L}\int_{-\infty}^{0} u\mathrm{d}t + \frac{1}{L}\int_{0}^{t} u\mathrm{d}t = i(0) + \frac{1}{L}\int_{0}^{t} u\mathrm{d}t \qquad (3\text{-}25)$$

式中，$i(0)$为电流初始值。可见，电感元件在某时刻 t 的电流值不仅取决于 $[0, t]$ 区间的电压值，而且还与其初始电流有关。

将式(3-24)乘以 i，并积分之，则得

$$\int_{0}^{t} ui\,\mathrm{d}t = \int_{0}^{i} Li\,\mathrm{d}i = \frac{1}{2}Li^2 \qquad (3\text{-}26)$$

式(3-26)表明当电感元件上的电流增大时，磁场能量增大。在此过程中电能转换为磁能，即电感元件从电源取用能量。$\frac{1}{2}Li^2$ 就是电感元件中的磁场能量。当电流减小时，磁场能量减小，磁能转换为电能，即电感元件向电源放还能量。可见电感元件不消耗能量，而储能元件。

3.3.2 电容元件

电容元件是从实际电容器抽象出来的电路模型，是表征一种将外部电能与电场内部储能进行转换的理想电路元件。

实际电容器通常由两块金属板中间充满介质构成，电容器加上电压后，两块极板上将出现等量异号电荷 q，并在两极板形成电场，储存电场能。当忽略电容器的漏电阻和电感时，可将其抽象为只具有储存电场能量性质的电容元件。将极板上聚集的电荷 q 与极间电压 u 的比值定义为电容，用字母 C 表示，即

$$C = \frac{q}{u} \qquad (3\text{-}27)$$

电容 C 表明电容储存电荷的能力，为电容元件的参数。它是用来衡量电容元件容纳电荷本领的一个物理量。电容元件的电容 C 为一常数，u 与 q 的关系如图 3-11 所示，为一条通过原点的直线。因此，电容元件为线性元件。

国际单位制中电容的单位为法[拉](F)，简称法。实际电容器的电容往往比 1 F 小得多，

因此通常采用微法(μF)和皮法(pF)来表示，其换算关系为

$$1 \text{ F} = \frac{1 \text{ C}}{1 \text{ V}} = 10^6 \text{ } \mu\text{F} = 10^{12} \text{ pF}$$

如图 3-12 所示，当电容元件上的电压与电流取关联参考方向时，有

$$i = \frac{\mathrm{d}q}{\mathrm{d}t} = C\frac{\mathrm{d}u}{\mathrm{d}t} \tag{3-28}$$

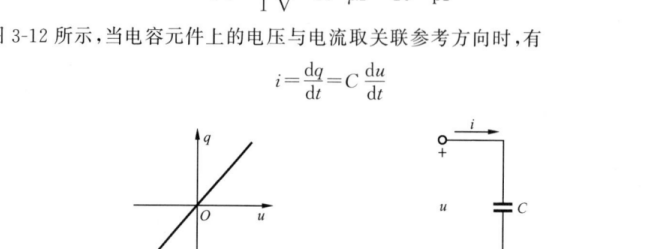

图 3-11 电容元件的 u-q 曲线　　图 3-12 电容元件

式(3-28)表明，电容元件上通过的电流与电容元件两端电压的变化率成正比。当电容元件两端加直流电压时，即 $\frac{\mathrm{d}u}{\mathrm{d}t} = 0$，则 $i = 0$，这时电容元件相当于开路，所以电容元件具有隔直流的作用。

将式(3-28)积分并整理，可得电容电压为

$$u = \frac{1}{C}\int_{-\infty}^{t} i\mathrm{d}t = \frac{1}{C}\int_{-\infty}^{0} i\mathrm{d}t + \frac{1}{C}\int_{0}^{t} i\mathrm{d}t = u(0) + \frac{1}{C}\int_{0}^{t} i\mathrm{d}t \tag{3-29}$$

式中，$u(0)$为电压初始值。可见，电容元件在某时刻 t 的电压值不仅取决于$[0, t]$区间的电流值，而且还与其初始电压有关。

将式(3-28)乘以 u，并积分之，则得

$$\int_{0}^{t} ui\,\mathrm{d}t = \int_{0}^{u} Cu\,\mathrm{d}u = \frac{1}{2}Cu^2 \tag{3-30}$$

式(3-30)表明当电容元件上的电压增大时，电场能量增大；在此过程中电容元件从电源取用能量(充电)。$\frac{1}{2}Cu^2$ 就是电容元件中的电场能量。当电压减小时，电场能量减小，即电容元件向电源放还能量(放电)。可见电容元件也是储能元件。

3.4 单一参数的交流电路

分析各种正弦交流电路，就是确定电路中电压与电流之间的关系(大小和相位)，并讨论电路中的能量的转换和功率的计算。

最简单的交流电路是由单一参数(电阻、电容、电感)组成的交流电路，掌握单一参数元件电路的分析方法，多种参数交流电路的分析也就容易了。

3.4.1 电阻元件的交流电路

图 3-13(a)所示为一个电阻元件的交流电路，电压和电流为关联参考方向。由欧姆定律可知

$$u = Ri \tag{3-31}$$

以电流为参考正弦量，即

$$i = I_m \sin\omega t$$

电阻元件两端的电压为

$$u = Ri = RI_m \sin\omega t = U_m \sin\omega t \tag{3-32}$$

电压和电流波形如图 3-13(b) 所示。可以看出在电阻元件的交流电路中，电压和电流频率相同，初相位相同（相位差 $\varphi = 0$）。

幅值或有效值的大小关系为

$$U_m = RI_m \quad \text{或} \quad U = RI \tag{3-33}$$

或

$$\frac{U_m}{I_m} = \frac{U}{I} = R \tag{3-34}$$

由此可知，在电阻元件电路中，电压的幅值或有效值与电流的幅值或有效值之比值，就是电阻 R。

若电压与电流用相量表示，则

$$\dot{U} = U e^{j0°}, \quad \dot{I} = I e^{j0°}$$

$$\frac{\dot{U}}{\dot{I}} = \frac{U}{I} e^{j0°} = R$$

或

$$\dot{U} = R\dot{I} \tag{3-35}$$

式（3-35）称为欧姆定律的相量形式，电压和电流相量如图 3-13(c) 所示。

由于在任一时刻电路中的电压和电流是随时间而变化的，将电压瞬时值 u 和电流瞬时值 i 的乘积称为瞬时功率，用 p 表示，即

$$p = p_R = ui = U_m I_m \sin^2 \omega t = \frac{\sqrt{2}U\sqrt{2}I}{2}(1 - \cos 2\omega t) = UI(1 - \cos 2\omega t) \tag{3-36}$$

由式（3-36）可见，电阻元件的正弦交流电路中，电阻上的功率是由两部分组成：第一部分是常数 UI；第二部分是幅值为 UI 并以 2ω 的角频率随时间而变化的交变量 $UI\cos 2\omega t$，如图 3-13(d) 所示，它虽然随时间不断变化，但始终为正值。

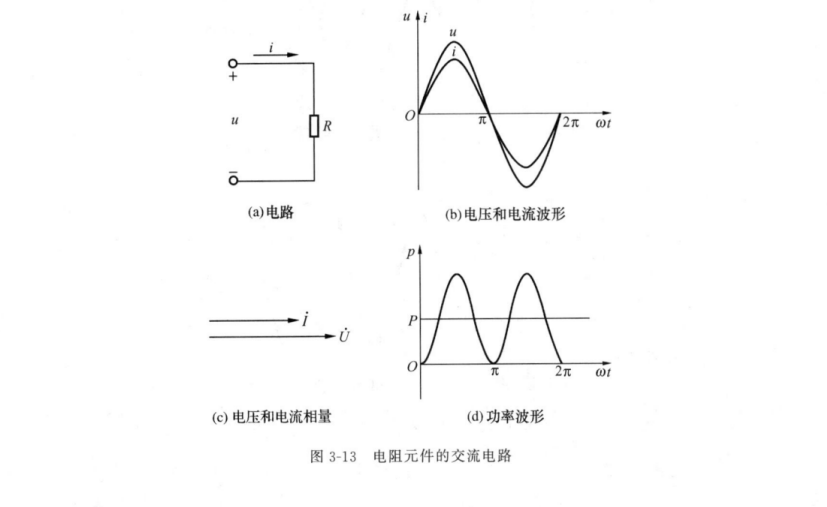

图 3-13 电阻元件的交流电路

工程上常取一个周期内电路消耗电能的平均速度，即瞬时功率的平均值，称为平均功率。在电阻元件中，平均功率为

$$P = \frac{1}{T} \int_0^T p \, dt = \frac{1}{T} \int_0^T UI(1 - \cos 2\omega t) \, dt = UI = RI^2 = \frac{U^2}{R} \qquad (3\text{-}37)$$

【例 3-7】 把一个 200 Ω 的电阻元件接到频率为 50 Hz、电压有效值为 10 V 的正弦电源上，求电流有效值 I。如果保持电压值不变，电源频率变为 5 000 Hz，求此时的电流有效值 I。

解：因为电阻与频率无关，所以电压有效值不变时，电流有效值相等，即

$$I = \frac{U}{R} = \frac{10}{200} = 0.05 \text{ A} = 50 \text{ mA}$$

【例 3-8】 如图 3-13(a)所示电路中，$u = 220\sqrt{2} \sin 314t$ V，$R = 100$ Ω，求电流 i 和平均功率 P。

解：由题意可知，$\dot{U} = 220 \underline{/0°}$，$R = 100$ Ω，可得

$$I = \frac{\dot{U}}{R} = \frac{220 \underline{/0°}}{100} = 2.2 \underline{/0°} \text{ A}$$

所以

$$i = 2.2\sqrt{2} \sin 314t \text{ A}$$

平均功率为

$$P = UI = 220 \times 2.2 = 484 \text{ W}$$

3.4.2 电感元件的交流电路

图 3-14(a)所示为一个电感元件的交流电路，电压和电流为关联参考方向。同电阻元件的交流电路分析一样，电感元件交流电路的分析，主要从如下两个方面进行分析：一是分析电压和电流的关系；二是分析功率。

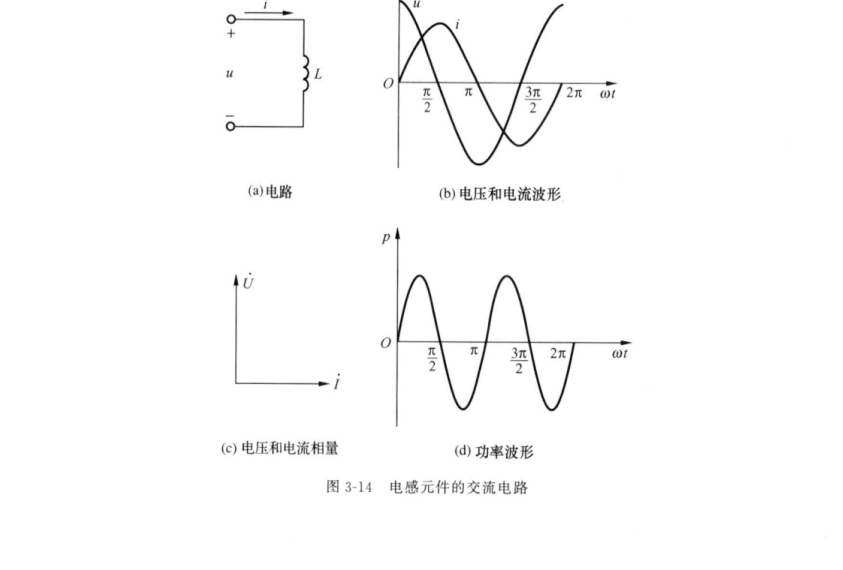

图 3-14 电感元件的交流电路

以电流为参考正弦量，即

$$i = I_m \sin\omega t$$

电阻元件两端的电压为

$$u = L\frac{\mathrm{d}i}{\mathrm{d}t} = L\frac{\mathrm{d}(I_m \sin\omega t)}{\mathrm{d}t} = \omega L I_m \cos\omega t \tag{3-38}$$

$$= \omega L I_m \sin(\omega t + 90°) = U_m \sin(\omega t + 90°)$$

电压和电流波形如图 3-14(b) 所示。由此可以看出在电感元件的交流电路中，电压和电流频率相同，在相位上电压比电流超前 $90°$（相位差 $\varphi = +90°$）。

幅值或有效值的大小关系为

$$U_m = \omega L I_m \quad \text{或} \quad U = \omega L I$$

或

$$\frac{U_m}{I_m} = \frac{U}{I} = \omega L \tag{3-39}$$

由此可知，在电感元件电路中，电压的幅值或有效值与电流的幅值或有效值之比值为 ωL。当 U 一定时，ωL 越大，则电流 I 越小。可见它具有对交流电流起阻碍作用的物理性质，所以称为感抗，用 X_L 表示，即

$$X_L = \omega L = 2\pi f L \tag{3-40}$$

感抗 X_L 与电感 L 和频率 f 成正比。当 L 一定时，f 越大，X_L 越大；f 越小，X_L 越小。在直流电路中，$f = 0$，表示电感元件在直流电路中可视为短路。

若电压与电流用相量表示，则

$$\dot{U} = U\mathrm{e}^{\mathrm{j}90°} \quad , \quad \dot{I} = I\mathrm{e}^{\mathrm{j}0°}$$

$$\frac{\dot{U}}{\dot{I}} = \frac{U}{I}\mathrm{e}^{\mathrm{j}90°} = \mathrm{j}X_L$$

或

$$\dot{U} = \mathrm{j}X_L\dot{I} = \mathrm{j}\omega L\dot{I} \tag{3-41}$$

电压和电流相量如图 3-14(c) 所示。

电感的瞬时功率为

$$p = p_L = ui = U_m I_m \sin\omega t \sin(\omega t + 90°)$$

$$= U_m I_m \sin\omega t \cos\omega t = \frac{\sqrt{2}U\sqrt{2}I}{2}\sin 2\omega t = UI\sin 2\omega t \tag{3-42}$$

由式（3-42）可知，p 是一个幅值为 UI 并以 2ω 的角频率随时间而变化的交变量，其波形如图 3-14(d) 所示。由图可见，在 $0 \sim \frac{\pi}{2}$ 和 $\pi \sim \frac{3\pi}{2}$，p 为正值；在 $\frac{\pi}{2} \sim \pi$ 和 $\frac{3\pi}{2} \sim 2\pi$，p 为负值。瞬时功率的正负可以这样来理解：当瞬时功率为正值时，电感元件处于受电状态，它从电源取用电能；当瞬时功率为负值时，电感元件处于供电状态，它把电能归还电源。

电感的平均功率为

$$P = \frac{1}{T}\int_0^T p\,\mathrm{d}t = \frac{1}{T}\int_0^T UI\sin 2\omega t\,\mathrm{d}t = 0 \tag{3-43}$$

式（3-43）表明，电感元件的平均功率为零，所以电感元件并不消耗电能，只有电源与电感元件间的能量互换，它是一种储能元件。为了衡量能量互换的规模，通常用无功功率 Q 来表示，即

$$Q = UI = X_L I^2 = \frac{U^2}{X_L} \tag{3-44}$$

式中，Q 为瞬时功率的幅值，单位为乏（var）或千乏（kvar）。

【例 3-9】 把一个 0.1 H 的电感元件接到频率为 50 Hz，电压有效值为 10 V 的正弦电源上，求电流有效值 I。如果保持电压值不变，电源频率变为 5 000 Hz，求此时的电流有效值 I。

解：当 $f=50$ Hz 时有

$$X_L = \omega L = 2\pi f L = 2 \times 3.14 \times 50 \times 0.1 = 31.4 \ \Omega$$

$$I = \frac{U}{X_L} = \frac{10}{31.4} = 0.318 \ \text{A} = 318 \ \text{mA}$$

当 $f=5$ kHz 时有

$$X_L = \omega L = 2\pi f L = 2 \times 3.14 \times 5\ 000 \times 0.1 = 3\ 140 \ \Omega$$

$$I = \frac{U}{X_L} = \frac{10}{3\ 140} = 0.003\ 18 \ \text{A} = 3.18 \ \text{mA}$$

可见，在电压有效值一定时，频率越大，则通过电感元件的电流有效值越小。

【例 3-10】 如图 3-14(a)所示电路中，$u = 220\sqrt{2}\sin(314t - 60°)$ V，$L = 0.2$ H，求电流 i 和电感上的无功功率 Q。

解：由题意可知，$\dot{U} = 220 \angle -60°$，感抗为

$$X_L = \omega L = 314 \times 0.2 = 62.8 \ \Omega$$

可得

$$\dot{I} = \frac{\dot{U}}{jX_L} = \frac{220 \angle -60°}{62.8 \angle 90°} = 3.5 \angle -150° \ \text{A}$$

所以

$$i = 3.5\sqrt{2}\sin(314t - 150°) \ \text{A}$$

无功功率为

$$Q = UI = 220 \times 3.5 = 770 \ \text{var}$$

3.4.3 电容元件的交流电路

如图 3-15(a)所示为一个电容元件的交流电路，电压和电流为关联参考方向。以电压为参考正弦量，即

$$u = U_m \sin\omega t$$

则

$$i = C\frac{\mathrm{d}u}{\mathrm{d}t} = C\frac{\mathrm{d}(U_m \sin\omega t)}{\mathrm{d}t} = \omega C U_m \cos\omega t \tag{3-45}$$

$$= \omega C U_m \sin(\omega t + 90°) = I_m \sin(\omega t + 90°)$$

电压和电流波形如图 3-15(b)所示。由此可以看出在电容元件的交流电路中，电压和电流频率相同，在相位上电压比电流滞后 90°(相位差 $\varphi = -90°$)。

幅值或有效值的大小关系为

$$I_m = \omega C U_m \ \text{或} \ I = \omega C U$$

或

$$\frac{U_m}{I_m} = \frac{U}{I} = \frac{1}{\omega C} \tag{3-46}$$

由此可知，在电容元件电路中，电压的幅值或有效值与电流的幅值或有效值之比值为 $\frac{1}{\omega C}$。当 U 一定时，$\frac{1}{\omega C}$ 越大，则电流 I 越小。可见它具有对交流电流起阻碍作用的物理性质，所以称为容抗，用 X_C 表示，即

$$X_C = \frac{1}{\omega C} = \frac{1}{2\pi f C} \tag{3-47}$$

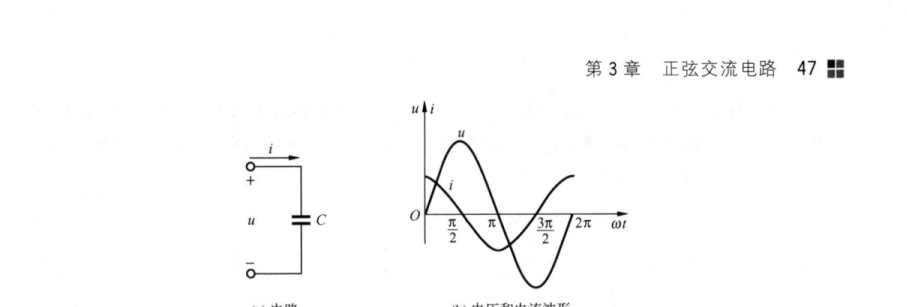

图 3-15 电容元件的交流电路

容抗 X_C 与电容 C 和频率 f 成反比。当 C 一定时，f 越大，X_C 越小；f 越低，X_C 越大。在直流电路中，$f = 0$，$X_C = \dfrac{1}{\omega C} = \dfrac{1}{2\pi f C} = \infty$，表明电容元件在直流电路中可视为开路，电容具有隔直流通交流作用。

若电压与电流用相量表示，则

$$\dot{U} = U e^{j0°} \quad , \quad \dot{I} = I e^{j90°}$$

$$\frac{\dot{U}}{\dot{I}} = \frac{U}{I} e^{-j90°} = -jX_C$$

或

$$\dot{U} = -jX_C \dot{I} = -j\frac{\dot{I}}{\omega C} = \frac{\dot{I}}{j\omega C} \tag{3-48}$$

电压和电流相量如图 3-15(c) 所示。

电容的瞬时功率为

$$p = p_C = ui = U_m I_m \sin\omega t \sin(\omega t + 90°)$$

$$= U_m I_m \sin\omega t \cos\omega t = \frac{\sqrt{2}U\sqrt{2}I}{2}\sin 2\omega t = UI\sin 2\omega t \tag{3-49}$$

由式(3-49)可知，p 是一个幅值为 UI 并以 2ω 的角频率随时间变化的交变量，其波形如图 3-15(d) 所示。由图可见，在 $0 \sim \dfrac{\pi}{2}$ 和 $\pi \sim \dfrac{3\pi}{2}$，p 为正值；在 $\dfrac{\pi}{2} \sim \pi$ 和 $\dfrac{3\pi}{2} \sim 2\pi$，$p$ 为负值。当瞬时功率为正值时，电压增大，就是电容元件在充电，电容元件从电源取用电能而储存在它的电场中；当瞬时功率为负值时，电压在减小，就是电容元件在放电。这时，电容元件放出在充电时所储存的能量，把它归还给电源。

电容的平均功率为

$$P = \frac{1}{T}\int_0^T p\,\mathrm{d}t = \frac{1}{T}\int_0^T UI\sin 2\omega t\,\mathrm{d}t = 0 \tag{3-50}$$

式(3-50)说明电容元件并不消耗电能，只有电源与电容元件间的能量互换，所以它是一种储能元件。为区别电感性无功功率和电容性无功功率，通常电感性无功功率取正值，电容性无功功率取负值，故电容的无功功率为

$$Q = -UI = -X_C I^2 = -\frac{U^2}{X_C} \tag{3-51}$$

【例 3-11】 把一个 25 μF 的电容元件接到频率为 50 Hz、电压有效值为 10 V 的正弦电源上，求电流有效值 I。如果保持电压值不变，电源频率变为 5 000 Hz，求此时的电流有效值 I。

解：当 $f = 50$ Hz 时有

$$X_C = \frac{1}{2\pi fC} = \frac{1}{2 \times 3.14 \times 50 \times (25 \times 10^{-6})} = 127.4 \ \Omega$$

$$I = \frac{U}{X_C} = \frac{10}{127.4} = 0.079 \ \text{A} = 79 \ \text{mA}$$

当 $f = 5$ kHz 时有

$$X_C = \frac{1}{2\pi fC} = \frac{1}{2 \times 3.14 \times 5\ 000 \times (25 \times 10^{-6})} = 1.274 \ \Omega$$

$$I = \frac{U}{X_C} = \frac{10}{1.274} = 7.9 \ \text{A}$$

可见，在电压有效值一定时，频率越大，则通过电容元件的电流有效值越大。

【例 3-12】 如图 3-15(a)所示电路中，$u = 220\sqrt{2}\sin(1\ 000t - 45°)$ V，$C = 100$ μF，求电流 i 和电容上的无功功率 Q。

解：由题意可知，$\dot{U} = 220 \angle -45°$，容抗为

$$X_C = \frac{1}{\omega C} = \frac{1}{1000 \times 100 \times 10^{-6}} = 10 \ \Omega$$

可得

$$\dot{I} = \frac{\dot{U}}{jX_C} = \frac{220 \angle -45°}{10 \angle -90°} = 22 \angle 45° \ \text{A}$$

所以

$$i = 22\sqrt{2}\sin(1\ 000t + 45°) \ \text{A}$$

无功功率为

$$Q = -UI = -220 \times 22 = -4\ 840 \ \text{var}$$

3.5 *RLC* 串联交流电路

下面讨论电阻、电感和电容串联的交流电路的电压和电流、功率的关系，电路如图 3-16(a)所示。当电路两端加上正弦交流电压时，电路中各元件将流过同一正弦电流，同时在各元件两端分别产生电压，它们的参考方向如图 3-16(a)所示。

根据基尔霍夫电压定律可得

$$u = u_R + u_L + u_C \tag{3-52}$$

如用相量表示电压与电流关系，如图 3-16(b)所示，则

$$\dot{U} = \dot{U}_R + \dot{U}_L + \dot{U}_C = R\dot{I} + jX_L\dot{I} - jX_C\dot{I} = [R + j(X_L - X_C)]\dot{I} \tag{3-53}$$

式(3-53)称为基尔霍夫电压定律的相量表示式，也可用相量模型表示，如图 3-16(b)所示。

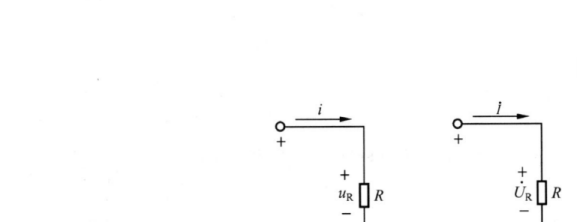

(a) 电路 　　　　(b) 相量模型

图 3-16 　RLC 串联交流电路

式(3-53)可写成

$$\frac{\dot{U}}{\dot{I}} = R + \mathrm{j}(X_L - X_C) = Z \tag{3-54}$$

式中，$R + \mathrm{j}(X_L - X_C)$ 称为电路的阻抗，用 Z 表示，它只是一般的复数计算量，不是相量。

阻抗与其他复数一样，阻抗 Z 可以写成

$$Z = R + \mathrm{j}(X_L - X_C) = \sqrt{R^2 + (X_L - X_C)^2} \, \mathrm{e}^{\mathrm{j}\arctan\frac{X_L - X_C}{R}} \tag{3-55}$$

$$= |Z| \mathrm{e}^{\mathrm{j}\varphi} = |Z| \underline{/\varphi}$$

式中，$|Z|$ 是阻抗 Z 的模，称为阻抗模，则

$$\frac{U}{I} = \sqrt{R^2 + (X_L - X_C)^2} = |Z| \tag{3-56}$$

即电压与电流的有效值之比等于阻抗模，阻抗和阻抗模的单位是欧[姆](Ω)，也具有对电流起阻碍作用的性质。

式(3-55)中的 φ 是阻抗 Z 的辐角，称为阻抗角，则

$$\varphi = \arctan \frac{X_L - X_C}{R} \tag{3-57}$$

即电压与电流的相位差等于阻抗角。

对电感性电路（$X_L > X_C$），φ 为正；对电容性电路（$X_L < X_C$），φ 为负。若 $X_L = X_C$，即 $\varphi = 0$，则为电阻性电路。因此，阻抗角的正负和大小是由电路(负载)的参数决定的。

设通过的电流为参考正弦量

$$i = I_m \sin\omega t$$

则电压为

$$u = U_m \sin(\omega t + \varphi)$$

电压和电流相量如图 3-17 所示。

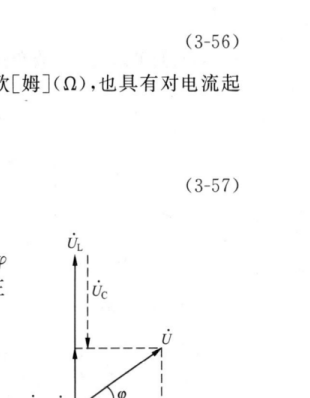

图 3-17 　RLC 串联交流电路电压和电流相量($X_L > X_C$)

电阻、电感和电容元件串联的交流电路的瞬时功率为

$$p = ui = U_m I_m \sin(\omega t + \varphi) \sin\omega t$$

$$= \frac{\sqrt{2}\,U\sqrt{2}\,I}{2} [\cos\varphi - \cos(2\omega t + \varphi)]$$

$$= UI\cos\varphi - UI\cos(2\omega t + \varphi) \tag{3-58}$$

有功功率为

$$P = \frac{1}{T} \int_0^T p \, dt = \frac{1}{T} \int_0^T [UI\cos\varphi - UI\cos(2\omega t + \varphi)] \, dt = UI\cos\varphi \qquad (3\text{-}59)$$

由图 3-17 可得出

$$U\cos\varphi = U_R = RI$$

则

$$P = U_R I = RI^2 = UI\cos\varphi \qquad (3\text{-}60)$$

由式(3-59)可知，交流电路中的平均功率一般不等于电压与电流的有效值的乘积。电压与电流的乘积称为视在功率，用 S 表示，即

$$S = UI \qquad (3\text{-}61)$$

视在功率的单位为伏·安(V·A)或千伏·安(kV·A)。

电感元件和电容元件都要在正弦交流电路中进行能量的互换，因此相应的无功功率为这两个元件的共同作用形成，并由图 3-17 所示的相量图可得出

$$Q = U_L I - U_C I = (U_L - U_C)I = I^2(X_L - X_C) = UI\sin\varphi \qquad (3\text{-}62)$$

式(3-60)和式(3-62)是计算正弦交流电路中平均功率(有功功率)和无功功率的一般公式。

由功率的分析可知，一个交流电源输出的功率不仅与电源的输出电压与输出电流的有效值有关，还与电路负载有关。电路参数不同，则电压和电流的相位差 φ 不同，在同样的电压和电流下，电路的有功功率和无功功率也就不同。在式(3-60)中，$\cos\varphi$ 称为功率因数。

由于平均功率 P，无功功率 Q 和视在功率 S 三者所代表的意义不同，为了区别，各采用不同的单位。这三个功率之间的关系为

$$S = \sqrt{P^2 + Q^2} \qquad (3\text{-}63)$$

显然，它们可以用一个直角三角形——功率三角形来表示。

如图 3-17 所示，$\dot{U}$，$\dot{U}_R$，$(\dot{U}_L + \dot{U}_C)$ 三者之间的关系也可用直角三角形表示，即 $\dot{U} = \sqrt{U_R^2 + (U_L - U_C)^2}$，称为电压三角形。而 $|Z|$，R 和 $(X_L - X_C)$ 三者之间关系也可以用直角三角形表示，称为阻抗三角形。功率、电压和阻抗三角形是相似的，如图 3-18 所示。注意：功率和阻抗不是正弦量，所以不能用相量表示。

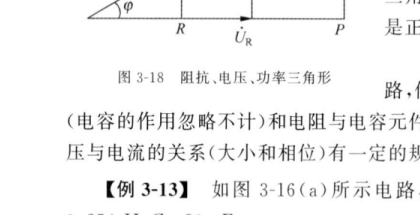

图 3-18 阻抗、电压、功率三角形

在这一节，分析电阻、电感和电容元件串联的交流电路，但在实际中常见到的是电阻与电感元件串联的电路(电容的作用忽略不计)和电阻与电容元件串联的电路(电感的作用忽略不计)。交流电路中电压与电流的关系(大小和相位)有一定的规律性，读者可以进行总结。

【例 3-13】 如图 3-16(a)所示电路，已知 $u = 220\sqrt{2} \sin(314t + 30°)$ V，$R = 30$ Ω，$L =$ 0.254 H，$C = 80$ μF。

(1)求电流 i 和电压 u_R，u_L，u_C；

(2)画出相量图；

(3)求有功功率 P 和无功功率 Q。

解：(1)由题意可知

$$\dot{U} = 220 \angle 30°$$

$$X_L = \omega L = 314 \times 0.254 = 80 \ \Omega$$

$$X_C = \frac{1}{\omega C} = \frac{1}{314 \times 80 \times 10^{-6}} = 40 \ \Omega$$

阻抗为

$$Z = R + j(X_L - X_C) = 30 + j(80 - 40) = \sqrt{30^2 + 40^2} \ e^{j\arctan\frac{40}{30}}$$

$$= 50e^{j53.1°} = 50 \angle 53.1° \ \Omega$$

于是有

$$\dot{I} = \frac{\dot{U}}{Z} = \frac{220 \angle 30°}{50 \angle 53.1°} = 4.4 \angle -23.1° \ \text{A}$$

$$i = 4.4\sqrt{2} \sin(314t - 23.1°) \ \text{A}$$

$$\dot{U}_R = R\dot{I} = 30 \times 4.4 \angle -23.1° = 132 \angle -23.1° \ \text{V}$$

$$u_R = 132\sqrt{2} \sin(314t - 23.1°) \ \text{V}$$

$$\dot{U}_L = jX_L \dot{I} = 80 \angle 90° \times 4.4 \angle -23.1° = 352 \angle 66.9° \text{V}$$

$$u_L = 352\sqrt{2} \sin(314t + 66.9°) \ \text{V}$$

$$\dot{U}_C = -jX_C \dot{I} = 40 \angle -90° \times 4.4 \angle -23.1° = 176 \angle -113.1° \ \text{V}$$

$$u_L = 176\sqrt{2} \sin(314t - 113.1°) \ \text{V}$$

(2) 电压和电流相量如图 3-19 所示。

(3) 有功功率为

$$P = UI\cos\varphi = 220 \times 4.4 \times \cos 53.1° = 220 \times 4.4 \times 0.6 = 580.8 \ \text{W}$$

无功功率为

$$Q = UI\sin\varphi = 220 \times 4.4 \times \sin 53.1° = 220 \times 4.4 \times 0.8 = 774.7 \ \text{var}（电感性）$$

【例 3-14】 如图 3-20 所示电路，已知 $i = 400\sqrt{2}\sin(10t + 30°)$ A，$R = 0.19 \ \Omega$，$L = 0.005$ H。

(1) 求电流 i 和电压 u_R、u_L；

(2) 画出相量图。

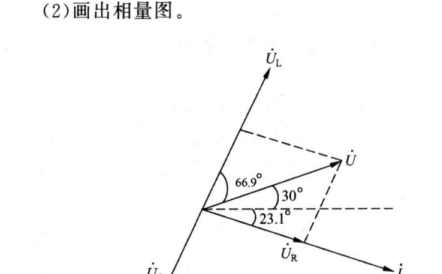

图 3-19 例 3-13 电压和电流相量

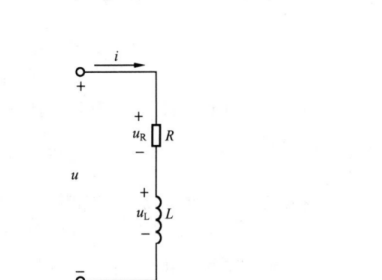

图 3-20 例 3-14 电路

解：(1) 由题意可知

$$\dot{I} = 400 \angle 30°$$

$$X_L = \omega L = 10 \times 0.005 = 0.05 \ \Omega$$

阻抗为

$$Z = R + j(X_L - X_C) = 0.19 + j(0.05) = \sqrt{(0.19)^2 + (0.05)^2} \, e^{j\arctan\frac{0.05}{0.19}}$$

$$= 0.2e^{j15°} = 0.2 \angle 15° \, \Omega$$

于是有

$$\dot{U} = Z\dot{I} = 0.2 \angle 15° \times 400 \angle 30° = 80 \angle 45° \text{ V}$$

$$u = 80\sqrt{2}\sin(10t + 45°) \text{ V}$$

$$\dot{U}_R = R\dot{I} = 0.19 \times 400 \angle 30° = 76 \angle 30° \text{ V}$$

$$u_R = 76\sqrt{2}\sin(10t + 30°) \text{ V}$$

$$\dot{U}_L = jX_L\dot{I} = 0.05 \angle 90° \times 400 \angle 30° = 20 \angle 120° \text{ V}$$

$$u_L = 20\sqrt{2}\sin(10t + 120°) \text{ V}$$

(2) 电压和电流相量如图 3-21 所示。

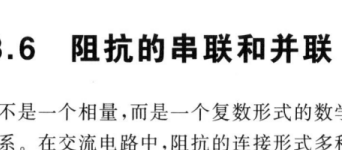

图 3-21 例 3-14 电压和电流相量

3.6 阻抗的串联和并联

由 3.5 节内容可知阻抗不是一个相量，而是一个复数形式的数学表达式，它表示了交流电路中的电压和电流之间的关系。在交流电路中，阻抗的连接形式多种多样，其中最简单和最常用的是串联和并联。

3.6.1 阻抗的串联

图 3-22(a) 所示是两个阻抗串联的电路，根据基尔霍夫电压定律可写出它的相量形式为

$$\dot{U} = \dot{U}_1 + \dot{U}_2 = Z_1\dot{I} + Z_2\dot{I} = (Z_1 + Z_2)\dot{I} \tag{3-64}$$

可见，两个阻抗可用一个等效阻抗来等效代替。如图 3-22(b) 所示为其等效电路，根据等效电路可写出

$$\dot{U} = Z\dot{I} \tag{3-65}$$

比较式(3-64)和式(3-65)可得

$$Z = Z_1 + Z_2 \tag{3-66}$$

通常情况下，$U \neq U_1 + U_2$，即

$$|Z| \, I \neq |Z_1| \, I + |Z_2| \, I$$

所以

$$|Z| \neq |Z_1| + |Z_2|$$

由此可见，在阻抗串联电路中，只有等效阻抗才等于各个串联阻抗之和，通常情况下，等效阻抗为

$$Z = \sum Z_k = \sum R_k + j\sum X_k = |Z| \, e^{j\varphi} \tag{3-67}$$

式中

$$|Z| = \sqrt{(\sum R_k)^2 + (\sum X_k)^2}$$

$$\varphi = \arctan \frac{\sum X_k}{\sum R_k}$$

以上各式的 $\sum X_k$ 中，感抗 X_L 取正号，容抗 X_C 取负号。

【例 3-15】 如图 3-22(a)所示电路，已知 $Z_1 = (4+j3)$ Ω，$Z_2 = (2-j9)$ Ω，$\dot{U} = 150$ V。求电路中的电流和各个阻抗上的电压，并画出相量图。

解： $Z = Z_1 + Z_2 = (4+j3) + (2-j9) = 6-j6 = 8.5 \angle -45°$ Ω

$$\dot{I} = \frac{\dot{U}}{Z} = \frac{150 \angle 30°}{8.5 \angle -45°} = 17.6 \angle 75°\text{ A}$$

$$\dot{U}_1 = Z_1 \dot{I} = (4+j3) \times 17.6 \angle 75°$$

$$= 5 \angle 37° \times 17.6 \angle 75° = 88 \angle 112°\text{ V}$$

$$\dot{U}_2 = Z_2 \dot{I} = (2-j9) \times 17.6 \angle 75°$$

$$= 9.2 \angle -77° \times 17.6 \angle 75° = 162 \angle -2°\text{ V}$$

电压和电流的相量如图 3-23 所示。

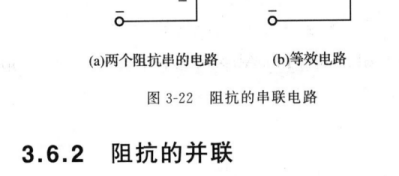

图 3-22 阻抗的串联电路

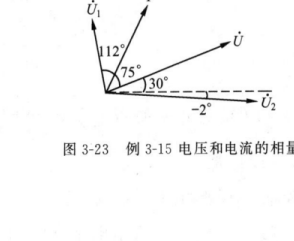

图 3-23 例 3-15 电压和电流的相量

3.6.2 阻抗的并联

图 3-24(a)所示是两个阻抗并联的电路，根据基尔霍夫电流定律可写出它的相量形式为

$$\dot{I} = \dot{I}_1 + \dot{I}_2 = \frac{\dot{U}}{Z_1} + \frac{\dot{U}}{Z_2} = \dot{U}\left(\frac{1}{Z_1} + \frac{1}{Z_2}\right) \tag{3-68}$$

可见，两个阻抗并联也可用一个等效阻抗来等效代替，图 3-24(b)所示为其等效电路，根据等效电路可写出

$$\dot{I} = \frac{\dot{U}}{Z} \tag{3-69}$$

比较式(3-68)和式(3-69)可得，可得

$$\frac{1}{Z} = \frac{1}{Z_1} + \frac{1}{Z_2} \tag{3-70}$$

或 $\qquad Z = \frac{Z_1 Z_2}{Z_1 + Z_2}$

图 3-24 阻抗的并联电路

通常情况下，$I \neq I_1 + I_2$，即

$$\frac{U}{|Z|} \neq \frac{U}{|Z_1|} + \frac{U}{|Z_2|}$$

所以

$$\frac{1}{|Z|} \neq \frac{1}{|Z_1|} + \frac{1}{|Z_2|}$$

由此可见，在阻抗并联电路中，只有等效阻抗才等于各个串联阻抗倒数之和，通常情况下，等效阻抗为

$$Z = \sum \frac{1}{Z_k} \tag{3-71}$$

从上面的推导可知，阻抗串并联的等效阻抗，其换算方法与纯电阻的串并联等效换算方法是相近的，而不同是阻抗含有两个部分——电阻和电抗（感抗和容抗），体现在数学上，阻抗的计算是复数的运算，而电阻是实数的运算。

【例 3-16】 如图 3-24(a)所示电路，已知 $Z_1 = (4+j3)$ Ω，$Z_2 = (8-j6)$ Ω，$\dot{U} = 220 \angle 0°$ V。求电路中的电流，并画出相量图。

解：

$$Z = \frac{Z_1 Z_2}{Z_1 + Z_2} = \frac{(4+j3) \times (8-j6)}{(4+j3)+(8-j6)} = 4 \angle 14° \text{ Ω}$$

$$\dot{I}_1 = \frac{\dot{U}}{Z_1} = \frac{220 \angle 0°}{4+j3} = \frac{220 \angle 0°}{5 \angle 37°} = 44 \angle -37° \text{ A}$$

$$\dot{I}_2 = \frac{\dot{U}}{Z_2} = \frac{220 \angle 0°}{8-j6} = \frac{220 \angle 0°}{10 \angle -37°} = 22 \angle 37° \text{ A}$$

$$\dot{I} = \frac{\dot{U}}{Z} = \frac{220 \angle 0°}{4 \angle 14°} = 37.5 \angle -14° \text{ A}$$

可用 $\dot{I} = \dot{I}_1 + \dot{I}_2$ 验算。

电压和电流相量如图 3-25 所示。

【例 3-17】 如图 3-26 所示电路，已知 $\dot{U} = 220 \angle 0°$ V。求：

（1）电路的等效阻抗；

（2）电流 $\dot{I}$，$\dot{I}_1$ 和 $\dot{I}_2$。

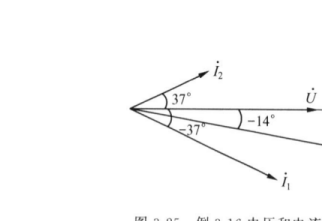

图 3-25 例 3-16 电压和电流相量

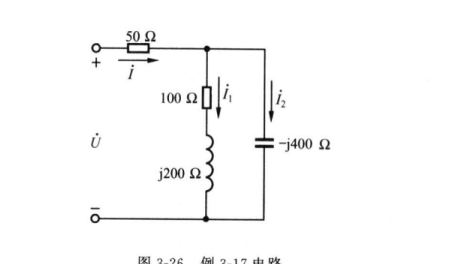

图 3-26 例 3-17 电路

解：（1）电路的等效阻抗为

$$Z = 50 + \frac{(100+j200)(-j400)}{100+j200-j400} = 50 + 320 + j240$$

$$= 370 + j240 = 440 \angle 33° \text{ Ω}$$

(2)电流为

$$\dot{I} = \frac{\dot{U}}{Z} = \frac{220 \angle 0°}{440 \angle 33°} = 0.5 \angle -33° \text{ A}$$

$$\dot{I}_1 = \frac{-j400}{100 + j200 - j400} \times 0.5 \angle -33°$$

$$= \frac{440 \angle -90°}{224 \angle -63.4°} \times 0.5 \angle -33° = 0.98 \angle -59.6° \text{ A}$$

$$\dot{I}_2 = \frac{100 + j200}{100 + j200 - j400} \times 0.5 \angle -33°$$

$$= \frac{224 \angle 63.4°}{224 \angle -63.4°} \times 0.5 \angle -33° = 0.5 \angle -93.8° \text{ A}$$

3.7 功率因数的增大

由前面的分析可知，直流电路的功率等于电流与电压的乘积。但在交流电路中平均功率为

$$P = UI\cos\varphi \tag{3-72}$$

因此，计算交流电路的平均功率还要考虑电压与电流间的相位差 φ。式(3-72)中的 $\cos\varphi$ 是电路的功率因数。

电路功率因数的大小取决于电路(负载)的参数。对电阻负载(如白炽灯、电炉等)来说，电压和电流同相位($\varphi=0$)，其功率因数为1。对其他负载来说，功率因数在0与1之间。

目前工业和民用建筑中大量的用电设备都是感性负载，其功率因数一般都小于1，它们除消耗有功功率外，还有大量的感性无功功率 $Q=UI\sin\varphi$，即电路与电源间发生能量互换。例如生产中最常用的异步电动机在额定负载时功率因数为0.7～0.9，在轻载时功率因数更小。这样就引出下面两个问题。

1. 发电设备的容量不能充分利用

发电设备的容量，即额定视在功率 $S_N = U_N I_N$，表示它能向负载提供的最大功率。对于电阻负载，其 $\cos\varphi=1$，发电设备能将全部电能都输送给负载，即负载可消耗的有功功率最大可达 $P=S_N\cos\varphi=S_N$。但当负载的功率因数小于1时，发电机所能发出的有功功率就减小了，尽管此时发电机发出的有功功率小于其容量，但由于视在功率已经达到了额定值，即发电机输出的电流达到了额定值，故发电机不能再向其他的负载供电了。可见负载的功率因数越小，发电机的容量就越不能充分利用。

例如容量为1 000 kV·A的变压器，当 $\cos\varphi=1$ 时，能发出1 000 kW的有功功率，而在 $\cos\varphi=0.7$ 时，则只能发出700 kW的功率。

2. 增加线路和发电机绑组的功率损耗

当发电机的输出电压 U 和输出的有功功率 P 一定时，线路上的电流 I 与功率因数 $\cos\varphi$ 成反比，即功率因数越小，线路电流越大。设供电线路和发电机绑组的总电阻为 r，则线路和发电机绑组上的功率损耗为

$$\Delta P = rI^2 = \frac{rP^2}{U^2\cos^2\varphi}$$

可见，功率因数越小，供电线路上的功率损耗 ΔP 就越大，从而造成能量的浪费。

由上述分析可知，增大电网的功率因数对国民经济的发展有着极为重要的意义。功率因数的增大，能使发电设备的容量得到充分利用，同时也能使电能得到大量节约。根据供用电规则，高压供电的工业企业的平均功率因数不小于0.95，其他单位不小于0.9。

增大功率因数，常用的方法就是用电力电容器并联在感性负载两端（设置在用户或变电所中），其电路如图3-27(a)所示，设电压为参考正弦量，相量如图3-27(b)所示。

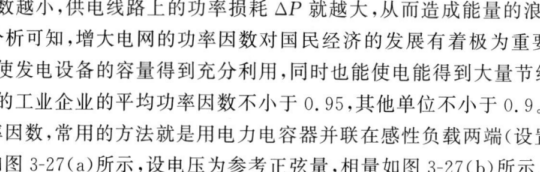

图 3-27 电感性负载并联电容器增大功率因数

如图3-27(a)所示，并联电容前，电路的总电流为 $I = I_L$；并联电容后，感性负载的电流 $I = \dfrac{U}{\sqrt{R^2 + X_L^2}}$ 和功率因数 $\cos\varphi_L = \dfrac{R}{\sqrt{R^2 + X_L^2}}$ 均无变化，因为所加电压和负载参数没有改变。但电压 $\dot{U}$ 和线电流 I 之间的相位差 φ 变小了，如图3-27(b)所示，即 $\cos\varphi$ 变大了。同时，如图3-27(b)所示，并联电容器以后线路电流也减小了（电流相量相加），因而减少了功率损耗。

应该注意，并联电容器增大功率因数是对整个电路而言，对感性负载的电压、电流、功率、功率因数均没有改变。

下面分析选择并联电容的问题。如图3-27(b)所示，以电压为参考正弦量，电流之间的相量关系可根据基尔霍夫电流定律得出 $\dot{I} = \dot{I}_C + \dot{I}_L$。如图3-27(b)所示，由 $P = S\cos\varphi = UI\cos\varphi$，可得出电容支路电流的有效值为

$$I_C = I_L \sin\varphi_L - I\sin\varphi = \frac{P}{U\cos\varphi_L}\sin\varphi_L - \frac{P}{U\cos\varphi}\sin\varphi = \frac{P}{U}(\tan\varphi_L - \tan\varphi)$$

又因为

$$I_C = \frac{U}{X_C} = \omega CU$$

则

$$\omega CU = \frac{P}{U}(\tan\varphi_L - \tan\varphi)$$

所以并联电容值为

$$C = \frac{P}{\omega U^2}(\tan\varphi_L - \tan\varphi) \tag{3-73}$$

【例 3-18】 有一电感性负载，其功率 $P = 10$ kW，功率因数 $\cos\varphi_L = 0.6$，接在电压 $U = 220$ V 的电源上，电源频率 $f = 50$ Hz。

（1）如果将功率因数增大到 $\cos\varphi = 0.95$，求与负载并联的电容器的电容值和电容器并联前后的线路电流；

（2）如果将功率因数从0.95增大到1，则并联电容器的电容还需增大多少？

解：（1）$\cos\varphi_L = 0.6$，即 $\varphi_L = 53°$；$\cos\varphi = 0.95$，即 $\varphi = 18°$。则所需并联的电容器的电容值为

$$C = \frac{P}{\omega U^2}(\tan\varphi_L - \tan\varphi) = \frac{10 \times 10^3}{2\pi \times 50 \times 220^2}(\tan 53° - \tan 18°) = 658 \ \mu\text{F}$$